U0173339

"粤菜师傅"工程系列
——烹饪专业精品教材编委会

编写委员会

主　任：吴浩宏
副主任：王　勇
委　员：陈一萍　王朝晖

编写组

主　审：吴浩宏
主　编：马健雄
副主编：李永军　陈平辉　吴子彪　杨继杰　谭子华
　　　　康有荣　巫炬华　张　霞　梁玉婷　彭文雄
编　委：马健雄　巫炬华　杨继杰　李永军　吴子彪
　　　　冯智辉　张　霞　陈平辉　郭玉华　康有荣
　　　　谭子华　梁玉婷　彭文雄　刘远东　朱洪朗

编写顾问组

黄振华（粤菜泰斗，中国烹饪大师，中式烹调高级技师，中国烹饪协会名厨委员会副主任）

黎永泰（中国烹饪大师，中式烹调高级技师，广东省餐饮技师协会副会长）

林壤明（中国烹饪大师，中式烹调高级技师，广东烹饪协会技术顾问）

梁灿然（中国烹饪大师，中式烹调高级技师，广州地区餐饮行业协会技术顾问）

罗桂文（中国烹饪大师，中式烹调高级技师，广州烹饪协会技术顾问）

谭炳强（中国烹饪大师，中式烹调高级技师）

徐丽卿（中国烹饪大师，中式面点高级技师，中国烹饪协会名厨委员会委员，广东烹饪协会技术顾问，广州地区餐饮行业协会技术顾问）

麦世威（中国烹饪大师，中式面点高级技师）

区成忠（中国烹饪大师，中式面点高级技师）

"粤菜师傅"工程系列

烹饪专业精品教材

粤菜原料加工技术

马健雄 杨继杰 谭子华 编著

暨南大学出版社
JINAN UNIVERSITY PRESS

中国·广州

图书在版编目（CIP）数据

粤菜原料加工技术/马健雄，杨继杰，谭子华编著. —广州：暨南大学出版社，2020.5（2023.7重印）
"粤菜师傅"工程系列. 烹饪专业精品教材
ISBN 978-7-5668-2874-3

Ⅰ.①粤…　Ⅱ.①马…②杨…③谭…　Ⅲ.①粤菜—烹饪—原料—加工—教材　Ⅳ.① TS972.111

中国版本图书馆 CIP 数据核字（2020）第 041427 号

粤菜原料加工技术

YUECAI YUANLIAO JIAGONG JISHU

编著者：马健雄　杨继杰　谭子华

出 版 人：张晋升
责任编辑：潘雅琴　梁念慈
责任校对：黄　球　武颖华
责任印制：周一丹　郑玉婷

出版发行：暨南大学出版社（511443）
电　　话：总编室（8620）37332601
　　　　　营销部（8620）37332680　37332681　37332682　37332683
传　　真：（8620）37332660（办公室）　37332684（营销部）
网　　址：http://www.jnupress.com
排　　版：广州尚文数码科技有限公司
印　　刷：深圳市新联美术印刷有限公司
开　　本：787mm×1092mm　1/16
印　　张：7.75
字　　数：156 千
版　　次：2020 年 5 月第 1 版
印　　次：2023 年 7 月第 3 次
定　　价：36.00 元

（暨大版图书如有印装质量问题，请与出版社总编室联系调换）

总 序

粤菜，历史悠久，源远流长。在两千多年的漫长岁月中，粤菜既继承了中原饮食文化的优秀传统，又吸收了外来饮食流派的烹饪精华，兼收并蓄，博采众长，逐渐形成了烹制考究、菜式繁复、质鲜味美的特色，成为国内最具代表性和最具世界影响力的饮食文化之一。

2018年，在粤菜之乡广东，广东省委书记李希亲自倡导和推动"粤菜师傅"工程，有着悠久历史的粤菜，又焕发出崭新的活力。"粤菜师傅"工程是广东省实施乡村振兴战略的一项重要工作，是促进农民脱贫致富、打赢脱贫攻坚战的重要手段。全省到2022年预计开展"粤菜师傅"培训5万人次以上，直接带动30万人实现就业创业，"粤菜师傅"将成为弘扬岭南饮食文化的国际名片。

广州市旅游商务职业学校被誉为"粤菜厨师黄埔军校"，一直致力于培养更多更优的烹饪人才，在"粤菜师傅"工程推进中也不遗余力、主动担当作为。学校主要以广东省粤菜师傅大师工作室为平台，站在战略的高度，传承粤菜文化，打造粤菜师傅文化品牌，擦亮"食在广州"的金字招牌。

为更好开展教学和培训，学校精心组织了一批资历深厚、经验丰富、教学卓有业绩的专业教师参与"粤菜师傅"工程系列——烹饪专业精品教材的编写工作。在编写过程中，还特聘了一批广东餐饮行业中资深的烹饪大师和相关院校的专家、教授参与相关课程标准、教材和影视、网络资源库的编写、制作和审定工作。

本系列教材的编写着眼于"粤菜师傅"工程的人才培训，努力打造成为广东现代烹饪职业教育的特色教材。教材根据培养高素质烹饪技能型人才的要求，与国家职业工种标准中的中级中式烹调师、中级中式面点师职业资格标准接轨，以粤菜厨房生产流程中的技术岗位和工作任务为主线，做到层次分类明确。

在教材编写中，编写者尽力做到以立德树人为根本，以促进就业为导向，以技能培养为核心，突出知识实用性与技能性相结合的原则，注重传统烹饪技术与现代餐饮潮流技术的结合。编写者充分考虑到学习者的认知规律，创新教材体例，体现教学与实践一体化，在教学理念、教学手段、教学组织和配套资源方面有所突破，以适应创新性教学模式的需要。

本系列教材在版面设计上力求生动、实用、图文并茂，并在纸质教材的基础上，组织教师亲自演示、录制视频。在书中采用 ISLI 标准 MPR 技术，将制作步骤、技法通过链接视频清晰展示，极为直观，为学习者延伸学习提供方便的条件，拓展学习视野，丰富专业知识，提高操作技能。

本系列教材第一批包括 5 册，分别是《粤菜原料加工技术》《粤菜烹调技术》《粤菜制作》《粤式点心基础》《粤式点心制作》。该系列教材在编写过程中得到了餐饮业相关企业的大力支持和很多在职厨师精英的关注与帮助，是校企合作的结晶，在此特致以谢意。由于编者水平所限，书中难免有不足之处，敬望大家批评指正。

"粤菜师傅"工程系列——烹饪专业精品教材编写组

2020 年 2 月

前 言

　　本书的编写是基于工作过程系统化的职业教育理念，在教学改革和实践的基础上将"烹饪原料知识"和"烹饪原料加工技术"两门课程进行整合，以粤菜厨房生产流程中的原料采购、原料加工等相关工作岗位的任务为引领，以岗位职业能力为依据，并根据学生的认知特点，按项目任务、工作任务流程的结构来展示教学内容。学生通过学习本课程，能够熟练掌握烹饪原料加工的各项技能，并加深对烹饪原料基础知识的理解，从而培养学生的综合职业能力，以满足学生职业生涯发展的需要。

　　本教材的内容共分七个模块，分别为蔬菜原料加工、禽类原料加工、畜类原料加工、水产类原料加工、干货原料加工、料头的使用和半成品配制。在每个模块中，根据原料种类又分若干项目，每个项目通过若干典型任务来学习相关的原料知识、初加工方法、原料成形及烹饪应用等。

　　编写本教材的具体分工为：谭子华负责模块一；杨继杰负责模块二、三、四；马健雄负责模块五、六、七。

作　者
2019 年 12 月

目 录

模块四 水产类原料加工

模块五 干货原料加工

模块六 料头的使用

模块七 半成品配制

模块一

蔬菜原料加工

蔬菜，是指可以烹饪成为食品的、除了粮食以外的其他植物（多属于草本植物），也包括少数可作副食品的木本植物的幼芽、嫩叶以及食用菌类和藻类等。

一、蔬菜在饮食中的重要意义

（1）蔬菜中含多种维生素，如抗坏血酸、胡萝卜素和核黄素等。

（2）蔬菜中含有丰富的无机盐，如钙、铁、钾等，对维持人体内的酸碱平衡十分重要。

（3）蔬菜中所含的纤维素、果胶质等物质具有一定的生理学意义。

（4）蔬菜中含有大量的酶和有机酸，可促进消化，如萝卜中含有丰富的淀粉酶。

（5）某些蔬菜还具有一定的生理学或药理学作用，如大蒜中的蒜素具有较强的杀菌力，苦瓜有降血糖的作用，洋葱可明显地降低血脂和胆固醇。

二、蔬菜在烹饪中的作用

（1）作为主料，可单独成菜。如酸辣白菜、鱼香茄子、麻酱笋尖、蒜泥黄瓜等。

（2）含淀粉多的蔬菜，可用于主食、小吃的制作。如南瓜、薯蓣（山药）、芋头等。

（3）作为配料，可与动物性原料、粮食类原料等共同制作菜点、汤品等。如干贝白菜、回锅肉、青豆火腿、八宝酿藕等。

（4）作为调味料，具有去腥、除异味、增香的作用。如姜、葱、大蒜、芫荽、韭菜等。

（5）作为雕刻、装饰原料，可美化菜点。如萝卜、南瓜、芋头、马铃薯、黄瓜、白菜等。

（6）用于盐渍、糖渍、发酵、干制等加工程序，以延长食用期，改善原料的口感或风味。如咸菜、糖冬瓜条、泡菜、腌雪里蕻、玉兰片等。

三、蔬菜初加工的常见方法

（1）浸洗。浸就是把蔬菜放在水中浸泡。浸泡能使泥沙杂物松脱，便于洗出；浸泡可使残留的农药渗出；若在水中添加某些物质（如高锰酸钾、食盐）浸泡，还有杀菌除虫的作用。洗就是洗涤，浸和洗往往是连在一起的。洗涤有以下几种方法：

①清水洗。把蔬菜放在清水中清洗是最常用的方法，清水洗又有冲洗（菜胆类要特别注意冲净菜叶中的泥沙）、搓洗、刮洗、漂洗等多种方法。

②消毒水浸洗。一般用浓度不高于3%的高锰酸钾溶液作为消毒水，把蔬菜净料放在消毒水中浸泡5分钟，然后用净水清洗。此方法适用于生食的蔬菜。

③盐水浸洗。将蔬菜放入浓度为 2% 的食盐水中浸泡约 5 分钟，蔬菜中的虫或虫卵就会浮起或脱落，再用清水洗净即可。

④洗洁精溶液清洗。在清水中滴入数滴适用的洗洁精，搅匀后放进蔬菜浸泡几分钟，然后用清水洗净便可。

（2）剪择。可用剪刀或手择，去掉废料，再把蔬菜加工成规定的形状，分类放置好。

（3）刮削。用刀或瓜刨刨去蔬菜的粗皮或根须。

（4）剔挖。用尖刀清除蔬菜凹陷处的污物，或掏挖瓜瓤。

（5）切改。用刀把蔬菜净料切成需要的形状。

（6）刨磨。用专用的或特制的刨具、磨具将蔬菜刨成丝、片、异形片，或磨成蓉状。

项目 1
叶菜类原料加工

学习目标

1. 了解通菜、菜心、小棠菜、小白菜、芥菜、绍菜、生菜、菠菜等叶菜类原料的知识。

2. 掌握通菜、菜心、小棠菜、小白菜、芥菜、绍菜、生菜、菠菜的初加工方法。

3. 掌握通菜、菜心、小棠菜、小白菜、芥菜、绍菜、生菜、菠菜的常用成形及加工方法。

4. 能够掌握通菜、菜心、小棠菜、小白菜、芥菜、绍菜、生菜、菠菜的烹饪应用。

5. 能够对其他叶菜类原料进行初加工和刀工处理。

前置作业

1. 请到菜市场对叶菜类原料进行市场调查。

2. 请搜集用叶菜类原料制作的菜肴图片。

知识链接

植物的叶由叶片、叶柄和托叶三个部分组成。叶片为叶菜类蔬菜的主要食用部位，由表皮、叶肉和叶脉组成，其叶肉组织发达，且表皮薄、叶脉细嫩。叶柄由表皮、基本组织、维管束组成，其基本组织发达，维管束中一般缺乏机械组织。托叶是保护幼芽的结构，通常早落，食用价值不大。

叶菜类蔬菜是指以植物肥嫩的叶片、叶柄为食用对象的蔬菜。其品种繁多，有的形态普通，如小白菜、菠菜、苋菜等；有的形体较大，且心叶抱合，如大白菜、皱叶甘蓝等；有的则具特殊的香辛风味，如韭菜、芹菜、葱、茴香等。

叶菜类蔬菜由于常含叶绿素、类胡萝卜素而呈绿色、黄色，为人体中无机盐以及 B 族维生素、维生素 C 和维生素 A 的主要来源。

尽管叶菜类蔬菜所含水分多，但其持水能力差，若烹制时间过长，不仅质地、颜色会发生变化，而且营养及风味物质也易损失，所以，这类蔬菜多适于快速烹调或生食、凉拌。选择时以色正、鲜嫩、无黄枯叶、无腐烂者为佳。

任务 1　通菜加工

1. 原料简介

通菜，又称蕹菜、空心菜，为一年生或多年生草本植物，原仅限于中国南方种植，茎中空，有水生和旱生两种。水生的通菜，茎叶粗大，色浅；旱生的通菜，茎叶细小，茎节较短，色较浓绿。可以嫩茎、叶炒食或做汤，富含各种维生素、矿物质。以春季初出产的通菜为最佳，它也是夏、秋季重要的蔬菜。

2. 品质特点

新鲜、质嫩、株形完整。

3. 初加工方法

择去老茎、黄叶，浸洗干净。

4. 刀工成形及应用

原棵：长的宜折成段，每段茎必须带叶。适用于炒或做汤，如蒜蓉炒通菜、椒丝腐乳炒通菜。

通菜梗：取粗茎长约 7 厘米，略拍。适用于炒，如铁板虾酱通菜梗。

任务 2　菜心加工

1. 原料简介

菜心又名菜薹、广东菜心等，以花薹供食用。广东菜心是广东特产之一，是广东人常食用的蔬菜。菜心为一年生或二年生草本植物。菜心株体直立或半直立，叶片较少，叶形有狭长形、长椭圆形和卵形，叶色为黄绿色或青绿色。菜心主要产于南方，广州的青骨菜心较为优质。秋风起后上市的菜心口味最佳。菜心可炒食、煮汤。

2. 品质特点

质爽脆，味甘甜，鲜嫩柔软。

3. 初加工方法

剪去老茎、黄叶、菜花，浸洗干净。

4. 刀工成形及应用

菜远：用剪刀在顶部顺叶柄斜剪出 1 ~ 2 段，每段长约 7 厘米。菜远适用于炒，如生炒菜心。

郊菜：用剪刀在菜心顶部顺叶柄只剪一段，长约 12 厘米。郊菜适用于扒、拌、围边，如肉丸扒郊菜。

直剪菜：按菜远剪法，将整棵菜心剪完。直剪菜适用于炒或滚汤。

任务 3　小棠菜加工

1. 原料简介

小棠菜又称上海青，是以叶片为主要食用部位的普通白菜的一个变种，原产于中国，为常见的绿叶蔬菜，全国各地均有栽培。该菜质地柔嫩，味甜而清香，可炒、做汤。

2. 品质特点

叶片呈椭圆形，叶柄肥厚，青绿色，株形束腰，美观整齐，纤维细，味甜，口感好。

3. 初加工方法

择去老叶，浸洗干净。

4. 刀工成形及应用

小棠菜菜胆：将外层叶掰去，留菜胆。适用于扒、围边等，如鸡丝扒菜胆。

开边小棠菜菜胆：用刀削齐根部，视菜胆大小一开二或一开四。适用于炒、扒等，如香菇扒菜胆、蒜蓉炒小棠菜。

小棠菜菜胆花：将菜胆叶上端剪去，留 3 厘米长段。适用于装饰。

任务 4 小白菜加工

1. 原料简介

不结球白菜俗称小白菜，属大白菜的变种，一年生草本植物，原产于中国。小白菜性喜冷凉，又较耐低温和高温，几乎一年到头都可种植、上市。但如果从适口性、安全性和营养性看，一、二、三月则是食用小白菜的最佳时节。此外，小白菜营养丰富，软糯可口，清香鲜美，带有甜味。它可煮食或炒食，亦可

做成菜汤或凉拌食用。小白菜性平，味甘。其株体直立，基叶坚挺发达，叶片呈卵形、圆形或匙状，叶脉明显，为浅绿色、深绿色或墨绿色。可分圆柄形（叶柄细圆，长于叶片的两倍以上）、阔柄形（矮小，叶柄短、扁、阔或略长于叶片）。叶柄有白色（如江门小白菜）、青色（如小棠菜）。

2. 品质特点

新鲜、脆嫩，棵形完整。

3. 初加工方法

择去老叶，削去根须，浸洗干净。

4. 刀工成形及应用

白菜胆：取头部一段，长约 12 厘米，切成两半。适用于扒、拌、围等，如上汤菜胆。

白菜叶：切去根，掰取叶片，洗净。适用于炒、做汤，如蒜蓉炒小白菜。

任务 5 芥菜加工

1. 原料简介

芥菜，别名大心芥菜、大叶芥菜、辣菜。二年生草本植物，原产于中国。芥菜的种类多，有大叶芥（色泽深绿，茎高叶大，柔软）、卷芥（心露，呈卷心状）、包心芥（中心叶片卷合成球状，肉质，茎宽大肥厚）、雪里蕻和花叶芥等。该菜盛产于冬季。广东以茂名水东出产的芥菜最为出名。芥菜可炒食、做汤，经腌制风味更佳。

2. 品质特点

质脆硬，有特殊香辣味。

3. 初加工方法

剪去老叶，洗净。

4. 刀工成形及应用

芥菜胆：选用矮脚菜，取头部一段，长约 14 厘米，用于扒、拌、围。

芥菜段：将芥菜横切成段，用于炒或滚汤。

任务 6　绍菜加工

1. 原料简介

绍菜为十字花科草本植物，是我国的特色蔬菜之一。其株体直立，叶宽而大，形状为椭圆形或长圆形，边缘波状有齿，色泽呈浅绿色或淡白色，菜叶紧裹。山东、河北等地种植最多。绍菜品种众多，名品也多，常用于炒、拌、煮、制馅等，也可作为食品雕刻的原料。

2. 品质特点

软嫩清甜，味鲜美。

3. 初加工方法

掰去老叶，将嫩叶片取下，洗净。

4. 刀工成形及应用

绍菜胆：剥出叶瓣，撕去叶筋，切成 12 厘米的长段，呈大橄榄形。心部取 12 厘米，顺切成两半或 4 块，用于扒、拌、垫底等。

绍菜段：横切成段，用于炒。根据需要切宽段或窄段。

任务 7　生菜加工

1. 原料简介

生菜是叶用莴苣的俗称，属菊科莴苣属，为一年生或二年生草本植物。生菜按其叶形可分为三种：长叶生菜，外叶直立，叶薄柔软，叶面有皱褶；皱叶生菜，叶面多皱缩，叶片深裂；结球生菜，叶平滑或微皱，心叶呈球形。生菜按其颜色又分为青叶、白叶、紫叶和红叶生菜。生菜含热量低，可生食或熟食，以春、冬季产的为好。烹饪中可用于凉拌、蘸酱、拼盘、炒食、做汤，也可作为菜肴的衬底，或包上烹调好的饭菜一同进食。

2. 品质特点

清脆爽口、纤维少、味甘，有些略带苦味。

3. 初加工方法

择去老叶，浸洗去泥沙。

4. 刀工成形及应用

生菜胆：切去叶尾端，取头部长约 12 厘米的部分。用于高档菜品时还需要修剪叶片，留下尖形叶柄，形如羽毛球。适用于炒、扒、围边等，如花菇扒生菜。

圆形叶片：将叶片修剪成圆形，用消毒水浸洗，可生吃。

任务 8　菠菜加工

1. 原料简介

菠菜为一年生或二年生草本植物，又称雨花菜、鹦鹉菜、赤根菜等。菠菜主根发达，肉质根呈红色，味甜可食。菠菜叶柄长，有尖叶和圆叶两种，呈深绿色，头部带有红色，含铁质丰富，但含硝酸盐和草酸较多，烹调时要对其进行恰当的处理。烹调时用以凉拌、炒或做汤，亦可用其茎叶制菠菜汁。

2. 品质特点

质地软滑，茎脆，叶嫩清香，根红味甘。

3. 初加工方法

择去老叶、根须，浸洗干净。

4. 刀工成形及应用

原棵菠菜：削去根须，原棵洗净。适用于炒、扒、做汤等，如蒜蓉炒菠菜。

菠菜汁：菠菜可榨汁使用。

小贴士

增城迟菜心

迟菜心是广东省广州市增城区小楼镇腊圃村有名的特产,一般从农历十月开始栽种,90～120天后收割,生长期长,到收割时,一棵菜心的重量有500克左右,最重的可以达到1 500多克。

该菜因时至深冬才上市,迟于一般地区的菜心收割时间,所以称为迟菜心。由于一般的菜心一棵不超过50克重,而迟菜心每棵可达500克重,故广州人称之为"菜树"。迟菜心最初在20世纪80年代卖到广州时,很多市民不认识,以为这菜心很老,是农民吃不动才拿到省城来卖的,也没什么人买。实际上,迟菜心虽然长得又高又大,但菜质很鲜嫩,吃起来脆甜爽口。菜心胸径较粗的下半部分,可以横着切片炒肉,味道和芥蓝差不多。现各地均有迟菜心栽培,可能是水土原因,增城其他地方产的迟菜心与腊圃村产的有一些差别,略带涩味。增城为了推广当地的迟菜心,每年的冬至期间都会举办为期一周的增城菜心美食节。

想一想

1. 叶菜类原料有哪些特点?
2. 叶菜类原料初加工常用的方法有哪些?

练一练

根据工作任务,反复训练通菜、菜心、小棠菜、小白菜、芥菜、绍菜、生菜、菠菜等原料的初加工方法和刀工成形。

项目 2
根茎菜类原料加工

学习目标

1. 了解土豆、莲藕、西芹、芦笋、姜、洋葱、萝卜、胡萝卜、慈姑、马蹄、芋头、蒜头、葱等根茎菜类原料的知识。

2. 掌握土豆、莲藕、西芹、芦笋、姜、洋葱、萝卜、胡萝卜、慈姑、马蹄、芋头、蒜头、葱的初加工方法。

3. 掌握土豆、莲藕、西芹、芦笋、姜、洋葱、萝卜、胡萝卜、慈姑、马蹄、芋头、蒜头、葱的常用成形及加工方法。

4. 能够掌握土豆、莲藕、西芹、芦笋、姜、洋葱、萝卜、胡萝卜、慈姑、马蹄、芋头、蒜头、葱的烹饪应用。

5. 能够对其他根茎菜类原料进行初加工和刀工处理。

前置作业

1. 请到超市对根茎菜类原料进行市场调查。
2. 请搜集用根茎菜类原料制作的菜肴图片。

知识链接

根菜类是以植物膨大的变态根作为食用部分的蔬菜。按照膨大的变态根发生的部位不同，可分为肉质直根和肉质块根两类。肉质直根是由植物的主根膨大而成，如萝卜、胡萝卜、牛蒡、根甜菜、芜菁、辣根、根用芥菜等；肉质块根是由植物的侧根膨大而成，如红薯。

根作为植物的贮藏器官，含有大量的水分、糖分以及一定的维生素和矿物质。在烹饪运用上，根菜类可生食、熟吃、制作馅心，也可用于腌制、干制，或作为雕刻的原料。

茎菜类是以植物的嫩茎或变态茎作为食用部分的蔬菜。按照供食部位的生长环境，可分为地上茎类蔬菜和地下茎类蔬菜。茎菜类蔬菜营养价值高，用途广，含纤维素较少，质地脆嫩。茎菜类蔬菜一般适于短期贮存，并需防止发芽、冒薹等现象。在烹饪运用上，茎菜类蔬菜大都可以生食。另外，地上茎类、根状茎类常用于炒、炝、拌等加热时间较短的烹饪方法，以保证其脆嫩、清香；地下茎中的块茎、球茎、鳞茎等一般含淀粉较多，适用于烧、煮、炖等需长时间加热的烹饪方法，以突显其柔软、香糯。此外，许多茎菜类蔬菜还可作为面点的馅心、臊子用料，或作为调味蔬菜，或用于食品雕刻、造型，或用于腌制、干制。

地上茎类蔬菜有的是食用植物的嫩茎或幼芽，如茭白、茎用莴苣、芦笋、竹笋；有的是食用植物肥大而肉质化的变态茎，如球茎甘蓝、茎用芥菜。这种蔬菜含水量大，质地脆嫩或柔嫩，有的还具有其他特殊的风味。

地下茎是植物生长在地下的变态茎的总称。虽然生长于地下，但仍具有茎的特点，即有节与节间之分，节上常有退化的鳞叶，鳞叶的叶腋内有腋芽，具有繁殖的作用，以此与根相区别。

任务1 土豆加工

1. 原料简介

土豆的学名是马铃薯，个别地区叫洋芋、山药蛋。在法国，土豆被称为"地下苹果"。此外，它还是世界主要粮食作物之一。土豆外形呈椭圆形、球形或不规则块状；外皮为黄褐色或黄白色，肉为黄白色，表面有芽眼。土豆的品种较多，一年四季均有供应。土豆若储藏不当，会出现表皮发紫、发绿或出芽等现象，此时块茎上的毒素——龙葵素就会明显增加，人食用后会中毒，因此烹饪加工时应挖去芽眼，削去绿色部分，变色严重的则不能食用。土豆的烹饪用途十分广泛，可替代粮食作主食、入菜、制作小吃、提取淀粉等，适用于各种烹调方法。

2. 品质特点

以个大形好、整齐均匀、皮薄光滑的为好。

3. 初加工方法

洗净，削皮，挖出芽眼，用水浸泡备用。

4. 刀工成形及应用

土豆丝：适用于炒，如酸辣土豆丝。

土豆块：适用于焖，如土豆焖排骨。

菱形块：可用于炸、焖、焗、炒等，如瑞士焗肉排。

任务 2 莲藕加工

1. 原料简介

莲藕，又称藕，为莲（睡莲科莲属植物）的地下根状茎。莲藕喜温暖湿润的气候，在我国的中南部栽培较多，每年的秋、冬季及初春均有出产。莲藕又有母藕、子藕之分，前端长出的肥大短缩的为母藕，一般有 3～5 节，长在母藕间节部分的是子藕。莲藕的外皮呈黄白色或白色，中间有 7～9 个圆孔形的"眼"。莲藕按上市季节可分为果藕、鲜藕、老藕；按花的颜色可分为白花莲藕、红花莲藕。莲藕在广东为"泮塘五秀"之一。

莲藕微甜而脆，且药用价值相当高。其可生食、拌、炝、炒、烧、炖、蒸等，也可提取淀粉即藕粉。

2. 品质特点

以茎肥大、肉质脆嫩、水分多而味清甜的为佳。

3. 初加工方法

将泥沙洗净，刮去藕衣，削净藕节，用水浸泡备用。

4. 刀工成形及应用

藕节：适用于煲汤，按节切断，原段使用，如绿豆煲莲藕。

藕块：适用于焖，如莲藕焖排骨。

藕片：适用于炒、凉拌，如清炒藕片。

藕丝：适用于炒，如清炒藕丝。

藕盒：横切成双飞片，如泰汁藕盒。

任务 3　西芹加工

1. 原料简介

芹菜分为中国芹菜和西芹。西芹又名西洋芹菜，是由国外引入的，营养丰富，含蛋白质、碳水化合物、矿物质及多种维生素等，还含有芹菜油，具有降血压、镇静、健胃、利尿等疗效。西芹根小，株高，叶柄宽厚，实心，单株叶片数多，辛香味较淡。烹饪中常用来炒、拌或制馅。

2. 品质特点

叶柄宽而肥厚，纤维少、质地脆嫩。

3. 初加工方法

择去叶片，撕去叶筋，取叶柄为食用部分。

4. 刀工成形及应用

西芹丁：适用于炒，如雀巢肉丁。

西芹粒：适用于做馅，如卡夫酱海鲜卷。

任务 4　芦笋加工

1. 原料简介

芦笋又称石刁柏、龙须菜、露笋，为多年生草本植物。芦笋因其供食用的嫩茎形似芦苇的嫩芽和竹笋而得名。芦笋呈细长条形，长 10 ～ 30 厘米，茎上有退化的鳞状叶，顶部嫩芽如箭头。经培土软化或不见光的呈奶白色，称为白芦笋；不经处理的呈绿色，称为绿芦笋。芦笋春季开始上市，在烹饪中可炒食、做汤、凉拌等。

2. 品质特点

细嫩、爽滑、清香，纤维柔软；以条状完整、鲜嫩、顶部鳞状叶紧密、无空心、洁净者为好。

3. 初加工方法

削去外层硬皮，洗净。

4. 刀工成形及应用

芦笋尖：取芦笋尖端 9 ～ 12 厘米嫩茎，适用于炒、扒等，如清炒芦笋、鱿鱼卷扒芦笋。

芦笋段：切成 2 厘米长的段，适用于炒，如芦笋肉丁。

任务 5　姜加工

1. 原料简介

姜又名生姜，为肉质茎，根茎肥大，呈不规则块状，为灰白色或黄色，具有独特的芳香辛辣味。姜在我国除高寒地区外均有种植，以山东、浙江、广东为主要产区。按采收期不同，姜可分为嫩姜（子姜）、老姜。5 ~ 7 月采收的姜称为嫩姜，又称子姜，其芽端呈紫红色，脆嫩无渣，辣味较轻，适用于炒、拌、泡；9 ~ 10 月采收的称为老姜，老姜则辣味重，纤维较粗，适用于调味，能去腥、除异、增香。姜具有解毒杀菌的作用，姜中的姜辣素进入人体内，能产生一种抗氧化酶。

2. 品质特点

块形完整，辛辣味浓厚，质地脆嫩，纤维少。

3. 初加工方法

刮去皮，洗净。

4. 刀工成形及应用

加工后形状有米、片、件、块、丝、蓉和姜花等。子姜可切成薄片用来腌制酸姜，或拍裂用于焖。

姜片：主要用作料头，如凉瓜炒牛肉。

姜件：主要用作料头，如豉油皇蒸鲈鱼。

姜块：主要用作料头，如煲汤。

姜丝：主要用作料头，如红焖鱼块。

姜蓉：主要用作料头，如姜蓉白切鸡。

姜花：主要用作料头，如油泡鱼青丸。

任务 6　洋葱加工

1. 原料简介

洋葱，又称葱头、球葱、圆葱，为百合科草本植物。洋葱以肥大的肉质鳞茎为食用部位，鳞茎呈扁平、圆球形或长椭圆形，皮色有红、黄、白三种。其鳞片肥厚，生时辛辣、爽脆，熟后香甜、绵软。洋葱各地均有种植，是常年供应的蔬菜。烹饪中可生拌、炒等。

2. 品质特点

以葱头肥大，外皮光滑，不烂，无机械损伤和泥土，葱头不带叶，经贮藏后不松软、不抽薹，鳞片紧密，含水量少，辛辣和甜味浓的为佳。

3. 初加工方法

切去头尾，剥去外衣。

4. 刀工成形及应用

根据菜式需要，洋葱可切改成件、丝、丁、粒、圈等形状，也可作料头用。

洋葱件：作料头用，如香菠咕噜肉。

洋葱丝：作料头用，如果汁猪扒。

洋葱丁：作料头用，如锦绣牛肉丁。

洋葱粒：作料头用，如瑞士焗肉排。

洋葱圈：作料头用，如铁板牛柳。

任务 7　萝卜加工

1. 原料简介

萝卜又名莱菔，为一年生或二年生草本肉质根植物。萝卜原产于中国，品种极多，具有多种药用价值。萝卜的大小、颜色因品种不同而异，根肉质，味甜、微辣，稍带苦味。萝卜形状为长圆形、球形或圆锥形。品种有绿皮绿肉的青萝卜、绿皮红心的北京心里美、红皮白肉的上海小红萝，以及品种最多、里外皆白的白萝卜。广东6~8月出产的耙齿萝卜呈长圆形，尾端尖，皮肉均为白色，个头小，肉质结实，纤维较多，味浓。其他品种以春、冬季出产的为好。在烹饪中，萝卜的运用十分广泛。

2. 品质特点

以大小均匀、无病虫害、无黑心、水分充足、脆嫩的为好。

3. 初加工方法

洗净，刨去外皮，切去头尾。

4. 刀工成形及应用

斧头块：适用于煲汤、焖、炖，如筒骨煲萝卜。

菱形块：适用于焖、炖，如萝卜焖牛腩。

萝卜片：适用于炒，如萝卜炒鱼脯。

萝卜丝：适用于炒、做汤，如银丝鲫鱼汤。

任务 8　胡萝卜加工

1. 原料简介

胡萝卜属野胡萝卜的变种，以其肉质根为食用部位，于秋季大量上市。其肥大的肉质根呈圆锥形或圆柱形，有紫红色、橘红色、黄色等，其中以颜色深的含胡萝卜素最为丰富。胡萝卜可生吃，但最好熟吃，因其所含的胡萝卜素是脂溶性维生素，加油烹调有助于人体更好地消化吸收。胡萝卜因其色泽鲜艳，为食品雕刻及菜肴点缀的良好材料。

2. 品质特点

品质优者质细味甜、脆嫩多汁、心柱细。

3. 初加工方法

刨去外皮，切去头尾。

4. 刀工成形及应用

胡萝卜块：适用于焖，如胡萝卜焖牛腩。
胡萝卜片：适用于炒，如胡萝卜炒肉片。
胡萝卜丝：适用于炒，如五彩肉丝。
胡萝卜花：适用于作料头，如蚝油牛肉。

任务 9　慈姑加工

1. 原料简介

慈姑，又称剪刀草、燕尾草、蔬卵，是一种多年生草本植物，其球茎为食用部位。品种不多，常见的有苏州的黄慈姑、圆慈姑，广州的白肉慈姑。慈姑纤维少，含淀粉丰富，有苦涩味。在春、冬季上市。慈姑在广东被称为"泮塘五秀"之一。可用于炒、蒸等，或用于制取淀粉。

2. 品质特点

皮薄光滑，茎肉色白爽脆，个体均匀。

3. 初加工方法

刮去外衣，洗净，浸于清水中。

4. 刀工成形及应用

慈姑块：拍裂，适用于焖。
慈姑片：适用于炒、炸，如慈姑炒肉片。

任务 10　马蹄加工

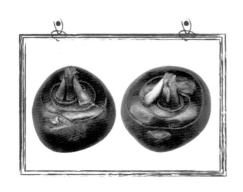

1. 原料简介

马蹄，又称为荸荠，为多年生浅水性草本植物。马蹄按淀粉含量可分为水马蹄和红马蹄。水马蹄淀粉含量高，肉质粗，宜熟食或加工为马蹄粉。红马蹄水分含量高，淀粉含量少，肉甜嫩、少渣，宜生吃，如桂林马蹄、广州马蹄皆属此类。春、冬季为收获季节。马蹄既可当蔬菜，也可当水果，生熟皆可食。

2. 品质特点

个头大，皮薄肉嫩，水分充足，清甜无渣，爽脆可口。

3. 初加工方法

切去头尾，削净外皮，洗净，浸于清水中。

4. 刀工成形及应用

去皮马蹄：适用于煲汤。

马蹄片：适用于炒。

马蹄粒：适用于作料头，如爽口牛肉丸。

任务 11　芋头加工

1. 原料简介

芋头，为天南星科芋属植物的地下球茎，多年生草本植物。芋头的品种众多，各地均有栽培，尤以南方较多。形状有圆形、椭圆形和长筒形。由于节上的腋芽能长出新的球茎，因此有母芋、子芋甚至孙芋之分。比较有名的芋头品种有：广西的荔浦芋、台湾的槟榔芋、广东的炭步芋等。以冬季所产的为好。

2. 品质特点

大小均匀，无病虫害，无黑心，淀粉含量多，质地松软，香味浓郁。

3. 初加工方法

削去外皮，挖净芽眼。

4. 刀工成形及应用

芋头可根据需要切成丝、件、条、块，宜焖、蒸、炸、煎等。

芋头件：适用于蒸，如荔浦扣肉。
芋头条：适用于炸，如拔丝芋条。
芋头块：适用于焖，如香芋焖鸭。
芋头泥：适用于做馅。

任务 12 蒜头加工

1. 原料简介

蒜属百合科葱属植物。其叶狭长而扁平，肉厚，呈淡绿色，表面有腊粉的称青蒜；在茎中央抽生长条圆形花茎的称为蒜苗；蒜头是蒜的地下鳞茎，由单个或若干个蒜瓣组成，外为膜质的蒜衣。蒜头按蒜衣的颜色可分为白皮蒜和紫皮蒜。其味辛辣，有刺激性气味，与葱、姜、辣椒合称为"调味四辣"，可作为配料或用于调味，还具有良好的药用价值。

2. 品质特点

以蒜瓣均匀、完整，不抽薹，香味浓郁的为佳。

3. 初加工方法

剥去外皮。

4. 刀工成形及应用

主要用作料头，有蒜蓉、蒜片、蒜子等。

任务 13 葱加工

1. 原料简介

葱，又称大葱、汉葱等，为百合科草本植物，鳞茎头端粗圆，呈微红色，鳞茎肉为白色，叶管状，青绿色，香味浓。葱有大葱、香葱之分。烹调中可生食，调味，制馅或作菜肴的主、配料。

2. 品质特点

甘甜脆嫩、辛辣芳香。

3. 初加工方法

切去根须，剥去老叶。

4. 刀工成形及应用

主要用作料头，有原条葱、长葱段、短葱段、长葱榄、短葱榄、葱花等。

小贴士

说"姜"

姜为姜科姜属植物，也称生姜。其开有黄绿色的花并有带刺激性香味的根茎，根茎的鲜品或干品可用作调味品。姜经过炮制即为中药的药材之一，可用于熬姜汤以治疗感冒。生姜可以去腥膻，增加食品的鲜味。生姜性温，其特有的"姜辣素"能刺激胃肠黏膜，使胃肠道充血，增强消化能力，可有效地治疗由于吃太多寒凉食物而引起的腹胀、腹痛、腹泻、呕吐等不良症状。吃过生姜后，人会有身体发热的感觉，这是因为它能使血管扩张，血液循环加快，促使身上的毛孔张开，这样不但能把多余的热量带走，同时还把体内的病菌、寒气一同带出。当人吃了寒凉食物，淋了雨或在空调房间里久待后，吃生姜就能及时消除因肌体寒重造成的各种不适。

想一想

1. 根茎菜类原料有哪些特点？
2. 举例说明根菜类原料与茎菜类原料各有哪些常见品种。

练一练

练习土豆、莲藕、西芹、芦笋、姜、洋葱、萝卜、胡萝卜、慈姑、马蹄、芋头、蒜头、葱的初加工方法和刀工成形。

项目 3
花果菜类原料加工

学习目标

1. 了解番茄、丝瓜、茄子、辣椒、青瓜、冬瓜、凉瓜、云南小瓜、节瓜、西蓝花等花果菜类原料的知识。

2. 掌握番茄、丝瓜、茄子、辣椒、青瓜、冬瓜、凉瓜、云南小瓜、节瓜、西蓝花的初加工方法。

3. 掌握番茄、丝瓜、茄子、辣椒、青瓜、冬瓜、凉瓜、云南小瓜、节瓜、西蓝花的常用成形及加工方法。

4. 能够掌握番茄、丝瓜、茄子、辣椒、青瓜、冬瓜、凉瓜、云南小瓜、节瓜、西蓝花的烹饪应用。

5. 能够对其他花果菜类原料进行初加工和刀工处理。

前置作业

1. 请到大型蔬菜批发市场对花果菜类原料进行市场调查。

2. 请搜集用花果菜类原料制作的菜肴图片。

知识链接

花可分为花柄、花托、花萼、雌蕊群、雄蕊群五部分。

花类蔬菜是以植物的花冠、花柄、花茎等作为食用部分的蔬菜。其质地柔嫩或脆嫩，具有特殊的清香或辛香气味。若以花冠供食，则加热时间要短，如菊花、桃花等。

果类蔬菜是以植物的果实或幼嫩的种子作为食用部分的蔬菜。它们大多原产于热带，为蔬菜中的一大类别。果实种类较多，与烹饪有关的可分为三大类，即豆类蔬菜（荚果类）、茄果类蔬菜（浆果类）和瓠果类蔬菜（瓜类）。

任务 1　番茄加工

1. 原料简介

番茄，又叫西红柿、洋柿子、圣女果，为多汁浆果，品种繁多，大小差异较大。其果形有圆形、扁圆形、椭圆形、樱桃形，皮色有粉红、橘红、大红及黄色。番茄是全世界栽培最为普遍的果菜之一，营养丰富，具有特殊风味，可以生食、煮食，加工制成番茄酱、汁或整果罐藏。

2. 品质特点

以酸甜适中、肉肥厚、心室小者为佳。

3. 初加工方法

择去蒂，洗净。

4. 刀工成形及应用

把番茄切成块，如番茄煮鲍鱼。也可根据需要改作盅形、花形等，用于盛器装饰。

任务 2　丝瓜加工

1. 原料简介

丝瓜又名吊瓜、天丝瓜、蛮瓜、绵瓜、布瓜、天罗、天罗瓜。丝瓜主要有两种，即普通丝瓜和有棱丝瓜。普通丝瓜表皮粗糙，无棱，有纵向浅槽，在我国大江南北均有栽培；有棱丝瓜有 8～10 条纵向的棱，表皮硬，主要在我国华南地区栽培。烹调中可炒、做汤及作配料。

2. 品质特点

肉质柔嫩，味微清香。

3. 初加工方法

刨棱（皮），切去头尾，洗净。

4. 刀工成形及应用

丝瓜青：把丝瓜顺切成四条，去瓤，再切成约 12 厘米的长条，用于扒、拌、围。

丝瓜片：按丝瓜青方法开条，然后切成菱形块或用刀斜切成片，用于炒。

丝瓜粒：按丝瓜青方法开条，再切成细条，横切成粒作为汤的配料。

丝瓜块：刨棱后，用滚料切刀法切成三角块，用于滚汤。

任务 3　茄子加工

1. 原料简介

茄子，江浙人称为六蔬，广东人称为矮瓜，是茄科茄属一年生草本植物。其形状有圆形、卵形、长棒形、椭圆形、梨形等，皮色呈紫黑、紫红、绿或白色，适用于多种烹调方法。

2. 品质特点

以皮薄籽少、肉厚细嫩者为佳。

3. 初加工方法

去蒂，刨皮，用水浸泡备用。

4. 刀工成形及应用

茄子块：切成三角形块，焖用。

茄子双飞件：切成菱形双飞件，或横切成圆形件，酿用，如煎酿三宝。

茄子条：刨去皮，切成条形，或带皮原个在表皮剞花纹，焗用，如潮式鱼香茄子煲。

任务 4　辣椒加工

1. 原料简介

辣椒，又叫番椒、海椒、辣子、辣角、秦椒等，原产于墨西哥，明朝末年传入中国。为一年或多年生草本植物。其果实通常呈圆锥形或长圆形，未成熟时呈绿色，成熟后变成鲜红色、黄色或紫色，以红色最为常见。辣椒的果实因其果皮含有辣椒素而有辣味。辣椒品种众多，主要有灯笼椒（又称圆椒、甜椒，有多种颜色，如红色、绿色、黄色、橙色、紫色等，肉质厚，不辣或微辣）、尖椒（呈细长形，有红色及绿色，甚辣）、指天椒（果实小，呈圆锥形或椭圆形，味辣）三种，一年四季均出产。辣椒的烹调用途很多，既可为菜，也可取味，还可制成辣椒干、辣椒粉、辣椒油、泡椒、辣椒酱等。

2. 品质特点
果形整齐，味辛辣。

3. 初加工方法
去蒂、去籽，洗净。

4. 刀工成形及应用
炒用：切成三角形片。
酿用：整椒开边去籽，圆椒修成圆形。
虎皮尖椒：切去蒂部，去籽后原个使用。
料头用：椒件、椒丝、椒粒、椒米等。

任务 5 青瓜加工

1. 原料简介
青瓜，正名黄瓜，也叫刺瓜，属葫芦科植物。黄瓜栽培历史悠久，种植广泛，是世界性蔬菜。其茎细长，有纵棱，表面有黑色或白色的刺，皮色有深绿、浅绿等。其肉质脆嫩、汁多味甘、芳香可口。烹饪中生熟均可，可作主料、配料，常用于冷菜拼摆、围边装饰及雕刻，还可作为酸渍、酱渍的原料。

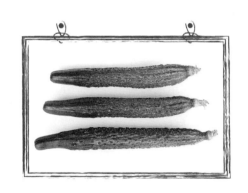

2. 品质特点
以长短适中、粗细均匀、皮薄肉厚、籽少瓤少，质地脆、味清香的为好。

3. 初加工方法
洗净，切去头尾。

4. 刀工成形及应用
青瓜片：开边去瓤，切成片状，炒用，如青瓜炒鸡片。
青瓜段：切去头尾，原条拍裂，再切成段；或切去头尾，开边去瓤，再切成瓜条，凉拌用，如凉拌青瓜。
青瓜梳：切成瓜梳，间隔地把瓜片扭曲，浸于水中定形，装饰用。

任务 6 冬瓜加工

1. 原料简介

冬瓜,属一年生草本植物。瓜形如枕,又叫枕瓜。其产量高,耐贮运,是夏、秋季的重要蔬菜品种之一,在调节蔬菜淡季中有重要作用。冬瓜有大果形和小果形以及粉皮种和青皮种之分。烹调中可单独烹制,也可作配料,还可作为食品雕刻原料,做成冬瓜盅。

2. 品质特点

以发育充分、肉质结实、肉厚、心室小、形状端正者为佳。

3. 初加工方法

食用时先去皮,洗净,再去瓤。

4. 刀工成形及应用

冬瓜蓉:制蓉,用于烩。

冬瓜粒:去皮、瓤,切成方粒,用于滚汤。

棋子:取瓜肉,切改成扁圆柱形或梅花形,用于焖或炖。

冬瓜夹:去皮、瓤,改图案花形后切双飞件,用于蒸、扣。

冬瓜脯:去皮、瓤,切改成 8 厘米 ×12 厘米的长方块,或改成图案花形,表面可剞出横竖浅槽,用于扒,如瑶柱扒瓜脯。

连皮瓜块:连皮切成块状,用于煲汤,如冬瓜老鸭煲。

冬瓜件:去瓤后,将冬瓜修成圆角方形件,边长为 18 ~ 20 厘米。

冬瓜盅:取蒂部长约 24 厘米的一截,需直身。在切口处修圆外沿,并将切口改成锯齿形,掏出瓜瓤,用于炖冬瓜盅,如一品冬瓜盅。

任务 7 凉瓜加工

1. 原料简介

凉瓜,又称苦瓜,为葫芦科一年生蔓生植物,原产于印度,后传入我国。凉瓜蔓甚细,多分蔓,叶浅绿,深裂如掌。凉瓜为瓠果,有短圆形、锥形(如"雷公凿",色泽深绿,瘤状明显)及长条形(有"滑长"和"长身")三种,瓜皮上瘤状突起,呈青绿或淡绿色,老熟时为橙黄色。现还有白凉瓜。凉瓜肉味甘苦，可用盐稍腌以减弱苦味。产量以夏、秋两季为多。凉瓜品种不多，以广东新会杜阮及南海产的凉瓜较好。凉瓜虽苦，但苦中有甘，爽口不腻，夏日炎炎之际，食之驱暑清心。

2. 品质特点

果肉脆嫩，食用时有特殊风味，稍苦而清爽；以青边肉白、皮薄籽少者为佳。

3. 初加工方法

先切掉顶尖和蒂柄，纵向剖开或切成横段，挖去瓤籽，然后清洗干净。

4. 刀工成形及应用

凉瓜块（日字件）：多用于焖，如凉瓜焖牛蛙。

月牙片：多用于炒蛋、煎蛋。

凉瓜条：多用于凉拌、冰镇等，如冰爽凉瓜。

刨薄片：多用于凉拌、上汤煮，如肉碎上汤煮凉瓜。

凉瓜片：多用于炒，如凉瓜炒鸭片。

任务 8 云南小瓜加工

1. 原料简介

云南小瓜别名西葫芦，原产于北美洲南部，今广泛栽培。其以嫩果供食，果实多为长圆筒形，果面平滑，皮色呈墨绿色或黄绿色，果肉厚而多汁，味清香。烹饪中可炒、做汤、作配料等。

2. 品质特点

以粗细均匀、皮薄肉厚、质地脆嫩、味清香的为好。

3. 初加工方法

切去头尾，开边，去瓜瓤。

4. 刀工成形及应用

云南小瓜片：开边去瓤，切成片状，炒用，如云南小瓜炒肉片。

云南小瓜丁：切去头尾，开边去瓤，切成瓜条，再切成丁，炒用，如云南小瓜炒牛肉丁。

任务 9 节瓜加工

1. 原料简介

节瓜，俗称小冬瓜，又名毛瓜，因表面有短粗毛而得名。属一年生草本植

物，是冬瓜的一个变种。节瓜原产于我国南部，是我国的特产蔬菜之一，尤其是在岭南各地栽培历史悠久，栽培面积较大。烹调中可单独烹制，也可作配料、做汤等。

2. 品质特点

长圆形，皮青肉白，皮极薄嫩；以籽嫩，质柔嫩，新鲜的为好。

3. 初加工方法

刮外皮，洗净。

4. 刀工成形及应用

节瓜段：横切成段，煲汤用。

节瓜片：横切成段，对切后再切成片，焖、滚汤用。

节瓜丝：斜切成大片，再切成丝，炒用。

节瓜脯：对半切开，成瓜脯，扒用，如瑶柱丝扒瓜脯。

节瓜盅：选大小合适的节瓜，横切一截，掏去瓜瓤，成盅形，如迷你佛跳墙。

任务 10　西蓝花加工

1. 原料简介

西蓝花，又名花菜、花椰菜，为十字花科芸薹属一年生植物，是由十字花科甘蓝演化而来的，有白、绿两种，白花菜和绿花菜的营养、作用基本相同。烹饪中可凉拌、炒，也可用于菜肴拌边、配色。

2. 品质特点

品质柔嫩，纤维少，绿色花球为食用部分；以色泽深绿，质地脆嫩者为好。

3. 初加工方法

洗净。

4. 刀工成形及应用

西蓝花切成小朵便可，作炒、围边用，如碧绿花枝片、清炒西蓝花。

小贴士

杜阮凉瓜

杜阮凉瓜（又名苦瓜）始种于杜阮（现广东省江门市蓬江区西部）一带，已有上百年的历史，由于杜阮一带多为沙质土壤，十分适宜种植凉瓜，且瓜形也有别于其他地方的凉瓜，当地人称之为大顶瓜或柿饼蒂。其特点是瓜形肥大，形似木瓜，平顶粒粗，肉厚色绿，味微苦而甘，爽脆无渣，质优形美，是其他产地的凉瓜不可比拟的。一年三季种植，以秋季所产品质最好。如今，慕名来吃正宗杜阮凉瓜的人不计其数，凡到杜阮游览的外地人，都认为"不吃凉瓜枉此行"，为此，杜阮地区已将"杜阮凉瓜"这一著名品牌申请专利。

想一想

1. 举例说明花果菜类原料的特点。
2. 花果菜类原料在初加工时应注意哪些问题？

练一练

练习番茄、丝瓜、茄子、辣椒、青瓜、冬瓜、凉瓜、云南小瓜、节瓜、西蓝花的初加工方法和常用成形。

项目 4
菇菌菜类原料加工

学习目标

1. 了解金针菇、香菇、草菇、茶树菇、鸡腿菇等菇菌菜类原料的知识。

2. 掌握金针菇、香菇、草菇、茶树菇、鸡腿菇的初加工方法。

3. 掌握金针菇、香菇、草菇、茶树菇、鸡腿菇的常用成形及加工方法。

4. 能够掌握金针菇、香菇、草菇、茶树菇、鸡腿菇的烹饪应用。

5. 能够对其他菇菌菜类原料进行初加工和刀工处理。

前置作业

1. 请搜集草菇、香菇种植的相关资料。

2. 请搜集用菇菌菜类原料制作的菜肴图片。

知识链接

食用菌类是指子实体肥大、可供人们作为蔬菜食用的某些真菌，已知的有 2 000 多种，被广泛食用的有 30 余种。

食用菌类的形态和结构：

各种菌菇的形状不尽相同，但均由吸收营养的菌丝体和繁殖后代的子实体两部分组成。供食用的是子实体。子实体常为伞状，包括菌盖、菌柄两个基本组成部分，有些种类还有菌膜、菌环等。此外，还有耳状、头状、花状等形状的子实体。其颜色繁多，质地多样，如胶质、革质、肉质、海绵质、软骨质、木栓质等。

食用菌类的营养成分和风味特点：

（1）蛋白质含量占干重的20%~40%，且有一半处于非蛋白状态，如谷胱甘肽、氨基酸等。

（2）绝大多数具有特殊的鲜香风味，如鸡枞、香菇、竹荪、侧耳、鸡油菌等。

（3）某些品种因含特殊的多糖类物质，具有增强免疫力、防癌抗癌的功效，如香菇、猴头菇等。

（4）各种维生素、矿物质的含量较丰富。

食用菌的分类：

（1）按其生长方式，分为寄生、互生、腐生三类。

（2）按其来源，分为野生和栽培两类。

（3）按加工方法，分为鲜品、干品、腌制品和罐头四类。

食用菌类在烹饪中的运用：

（1）可作为菜肴、汤品的主料或配料。

（2）可作为面点的馅心或面臊的用料。

（3）可作为提鲜增香的用料。

（4）可作为配色配形的用料。

（5）可加工成干制品、腌制品、罐头制品等。

此外，在食用菌类时应注意不要误食毒菇，毒菇可通过鉴别其外观来加以判断。毒菇多颜色艳丽，伞盖和伞柄上常有斑点，并常有黏液状物质附着，表皮容易脱落，破损处有乳汁流出，而且很快变色，外形变得丑陋。可食蘑菇颜色大多为白色或棕黑色，有时为金黄色，肉质厚软，表皮干滑并带有丝光。

任务1　金针菇加工

1. 原料简介

金针菇，为伞菌科菌类，子实体呈伞状，丛生于枯树桩或树枝上，菌盖肉质，最初呈球形，后开展为扁平状，湿润时表面黏滑，干燥后稍具光泽，呈淡黄色或黄褐色，烹饪上多用鲜品，可凉拌、炒、扒、做汤等。

2. 品质特点

菌柄细长，味鲜甜，质地脆嫩黏滑，有特殊清香。

3. 初加工方法

切去根部，洗净。

4. 刀工成形及应用

原条，可用于炒、打边炉（火锅）。

任务 2　香菇加工

1. 原料简介

香菇，又称香蕈，为多孔菌科菌类，子实体呈伞状，菌盖半肉质，呈淡褐色或紫褐色，菌肉厚而致密，呈白色。香菇是世界第二大食用菌，也是我国特产之一，在民间素有"山珍"之称。香菇味道鲜美，香气沁人，营养丰富，素有"植物皇后"的美誉。香菇通常分为花菇、厚菇、薄菇。烹饪中鲜、干均可用，也可作主、配料。

2. 品质特点

以菇香浓、菇肉厚实、菌面平滑、大小均匀、菌褶紧密细白、菌柄短而粗壮者为好。

3. 初加工方法

削去泥根，洗净。

4. 刀工成形及应用

原只，去蒂，焖、打边炉用；切成丁、丝、粒，作料头用。

任务 3　草菇加工

1. 原料简介

草菇的鲜菇呈卵形，顶部为黑褐色，底部为灰白色。在菌盖未开前采收，夏、秋季最多。经加工干制而成的干品称陈菇，又称陈草菇，与干冬菇、干蘑菇合称"三菇"。草菇起源于广东韶关的南华寺，300 多年前我国已开始人工栽培，约在 20 世纪 30 年代由华侨带到世界各地，是一种重要的热带亚热带菇类，是世界上第三大栽培食用菌。我国的草菇产量居世界之首，主要分布于华南地区。

2. 品质特点

肉质爽滑鲜甜，以质嫩肉厚、清香无异味者为好。

3. 初加工方法

削去泥根，洗净。

4. 刀工成形及应用

原只，在根部切两刀成十字形，炒、扒用；或切成片，作料头用。

任务 4 茶树菇加工

1. 原料简介

茶树菇，又称茶薪菇，为田蘑属的菌休，单生或丛生。其菌盖呈褐色，菌肉为白色，菌柄长，脆嫩。茶树菇含高蛋白、低脂肪、低糖分，是具有保健食疗功效的纯天然、无公害的保健食用菌。其原为江西广昌境内的高山密林地区茶树蔸部生长的一种野生蕈菌。其盖嫩柄脆，味纯清香，口感极佳，可烹制成各种美味佳肴，营养价值高过香菇等其他食用菌，属高档食用菌类。

2. 品质特点

味道鲜美，菌盖细滑，柄脆，气味清香。

3. 初加工方法

剪去菇根，洗净。

4. 刀工成形及应用

茶树菇原只：去蒂，焖、打边炉用。
茶树菇段：去蒂，切成段，炒用。

任务 5 鸡腿菇加工

1. 原料简介

鸡腿菇是鸡腿蘑的俗称，因其形如鸡腿，肉质肉味似鸡丝而得名，是近年来人工开发的具有商业潜力的珍稀菌品，被誉为"菌中新秀"。菇体洁白、美观，肉质细腻。炒食、炖食、煲汤均久煮不烂，味道鲜美、口感滑嫩，清香味美，具有很高的营养价值，因而备受消费者青睐。

2. 品质特点

肉质细嫩，鲜美可口。

3. 初加工方法

洗净。

4. 刀工成形及应用

切成片、丁、丝，炒用。

小贴士

为什么草菇被称为"南华菇"

有史料为证，草菇起源于中国，距今已有300多年的历史。道光二年（1822），阮元等纂修《广东通志·土产篇》引《舟车闻见录》："南华菇：南人谓菌为蕈，豫章、岭南又谓之菇。产于曹溪南华寺者名南华菇，亦家蕈也。其味不减于北地蘑菇。"道光二十三年（1843）黄培燨撰修的《英德县志·物产略》中也有同样的记述："南华菇：元（原）出曲江南华寺，土人效之，味亦不减北地蘑菇。"又据《宁德县志》载："城北瓷窑禾朽，雨后生蕈，宛如星斗丛簇竞吐，农人集而投于市。"可见，草菇原本是生长在南方腐烂禾草上的一种野生食用菌，是由南华寺僧人首先采摘食用的。

想一想

1. 菇菌菜类原料有哪些特点？
2. 鲜香菇和干香菇在风味上有哪些区别？

练一练

练习金针菇、香菇、草菇、茶树菇、鸡腿菇的初加工方法和常用成形。

模块二

禽类原料加工

一、禽类原料的营养成分

禽类原料的营养成分主要有蛋白质且大多为优质蛋白，营养价值较高；脂肪以不饱和脂肪酸为主，易于人体消化吸收，是小儿、中老年人以及心血管疾病患者、病中病后虚弱者理想的蛋白质食品。禽肉及其肝脏中维生素 A 的含量十分丰富。禽类身体中的糖主要是指动物淀粉，一部分存在于动物肝脏中，一部分存在于其肌肉组织中，含量很少。此外，禽肉中的钙、磷、铁等矿物质含量较丰富；其水分含量一般在 70% 以上，受禽的种类、营养状况、饲养方法和时间、宰杀后变化等因素的影响，营养构成各有不同。

二、禽类原料在烹饪中的应用

禽类是主要的烹饪原料，在菜式制作中用途广泛。

（1）禽类原料可作为菜肴主料和配料。禽类的肌肉发达，结缔组织少，纤维又极其柔细，故适用于多种烹调方法，可制作出多种菜式，如白切鸡、烧鹅、柠汁煎软鸭、鸡丝烩鱼肚等。

（2）禽类原料的鲜味物质多可作为菜肴的辅助原料，可补充干货原料不足的鲜味，如燕窝、鲍鱼、海参等。

（3）禽类原料可制馅料，如鸡蓉馅、糯米鸡馅等。

（4）禽类原料还可制成各种加工制品，如腊鸭、腊鸡等，别具风味。

三、禽类初加工的一般原则

禽类，特别是活禽类，在初加工时必须注意下列几项要点：

（1）宰杀时必须落刀准确，放血清。落刀不准确，往往不能割断气管而拖延禽鸟的挣扎时间，血不能迅速流出，造成宰杀后的禽鸟皮、肉发红，影响原料的质量。

（2）渌水脱毛的水温要适宜。不同的禽鸟，羽毛密度及皮孔状况也有所不同，所以要根据禽鸟的不同特点以及老嫩情况选用合适的水温对其进行烫毛、脱毛。水温过高，会导致原料表皮破烂；水温过低，则难以脱毛，影响禽鸟的皮色，从而影响所烹制菜肴的质量。

（3）必须把内脏、血污等秽物清洗干净，特别是禽类的内腔，否则易造成污染，使原料变味、变质。

（4）需脱骨、起肉的禽鸟，选材必须合理，以保证加工质量和节约原料。

项目 5
鸡肉加工

学习目标

1. 了解怎样宰杀活鸡和分档取料。
2. 了解活鸡分档取料的好处。
3. 掌握活鸡分档取料后的加工方法和烹饪应用。

前置作业

1. 请了解鸡的种类。
2. 请搜集以鸡为原料制作的菜肴图片。

鸡

鸡属鸟纲雉科家禽。鸡按用途可分为蛋用型、肉用型、肉蛋兼用型及药食兼用型四大类。

蛋用型鸡以产蛋为主，主要有来航鸡、仙居鸡等品种。

肉用型鸡的鸡肉多而质鲜嫩，品种有清远鸡、江西鸡、惠阳鸡等。

肉蛋兼用型鸡的鸡肉质好，产蛋也较多，体质健壮，生长快。上海的浦东鸡、辽宁的大骨鸡、山东的寿光鸡、江苏的狼山鸡、河南的固始鸡等都属于此类。

药食兼用型鸡主要就是乌鸡，它不但有食用价值，还具有明显的药用性能，广东人也习惯称其为竹丝鸡。

广东人习惯按鸡的个别特征，将鸡分为鸡项（将要下蛋的嫩母鸡）、阉鸡（又叫骟鸡）、老母鸡。由于鸡的品种不同，肉质、风味有差异，适用的烹调方法也有所区别。

广东地区肉用鸡以本地鸡为佳，其特征是毛柔而滑，呈黄麻色，颈短，眼细，翼短，脚短而细，脚衣呈金黄色，冠小，尾大而垂，胸部和尾部特别饱满。麻鸡以清远麻鸡最为有名，产于清远的洲心、龙塘；产于番禺禺北的麻鸡也较佳。本地鸡以农家的谷、饭、米、糠喂食，以自然放养的品质为好（即俗称的走地鸡）。此外，颌下有发达而张开的羽毛、状似胡须的，俗称胡须鸡，产自龙门、惠阳一带。

任务 1　宰活鸡

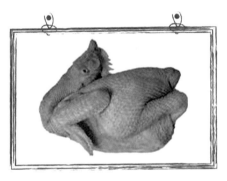

1. 宰鸡方法

宰鸡时，左手横抓鸡翼，小拇指钩着一只鸡脚，用大拇指和食指抓着鸡头向上翻，随即用刀在鸡颈上端将其喉（气管）割断，然后右手执鸡嘴，把鸡颈拉长放净血。接着调好水温（一般是，鸡项用沸水六成半、冷水三成半和匀；骟鸡、老母鸡则用沸水七成、冷水三成和匀），将鸡放入水中烫浸至湿透，便可取出脱毛。脱毛时，先脱胸毛，再从鸡嗉窝处向头部逆脱颈毛，再脱背毛、翼毛，最后脱尾毛。脱尾毛时，要抓住尾毛向左扭拔。去尽毛后洗净便可开膛。先在鸡颈背右边近翼处割一寸长的刀口，取出气管、嗉窝及食管，然后将鸡胸朝上，左手压住鸡脚，使鸡肚胀起，用刀在鸡肚近肛门处直割开一个约一寸半长的口，把鸡肚内的脂肪（鸡膏）扒开后，将食指和中指伸入肚内，取出内脏，挖清鸡肺，再从鸡的两脚关节处斩去鸡脚，最后挖出肛门的肠头蒂，洗净便可。

2. 刀工成形及应用

斩件·用于清蒸、焖、煲、炖等。

原只光鸡：用于白切、焗、炸等。

鸡脯：用于煎等。

片鸡片、鸡丝、鸡丁、鸡球：用于炒、油泡、汤羹等。

任务2 鸡的分档取料

分档取料就是按禽、畜类肌肉、骨骼等组织的不同部位、不同特点，正确地进行分档，以满足各种不同的烹调方法和菜式要求，并做到物尽其用。分档取料是切配工作中的一个重要程序，它直接影响菜肴的质量。

1. 分档取料的作用

（1）保证菜肴的质量，突出菜肴的特点。由于家禽各部位肉的质量不同，而不同的烹调方法对原料的要求也是不同的，所以选择原料时，就必须选用其不同部位，以满足不同菜肴的烹制需要，只有这样才能保证菜肴的质量，突出菜肴的特点。

（2）保证原料的合理使用，做到物尽其用。根据原料各个不同部位的不同特点和烹制菜肴的不同要求分档取料，选用相应部位的原料，不仅能使菜肴风味多样化，而且能合理地使用原料。

2. 分档取料的关键

（1）熟悉原料的各个部位，准确下刀是分档取料的关键。例如，从家禽、家畜的肌肉之间的隔膜处下刀，就可以把原料不同部位的界限基本分清，这样才能保证所用的不同部位原料的质量。

（2）必须掌握分档取料的先后顺序。取料如不按照一定的顺序，就会破坏各个部位肌肉的完整性，从而影响取用原料的质量，同时造成原料的浪费。

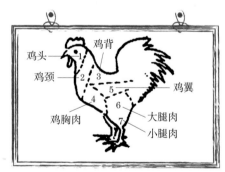

3. 光鸡分档取料方法及应用

鸡头：用于煲汤。
鸡颈：用于煲汤。
鸡背：用于煲汤。
鸡胸肉：用于拉丝、切片。
鸡翼：用于油泡、炒、炸等。
大腿肉：用于切片、丁。
小腿肉：用于切丁。

任务3 起鸡肉

起光鸡肉（起鸭肉、鹅肉同）。

（1）先在鸡嗉窝前端横刀圈割颈皮，将颈皮拉离颈部至头部切断取出，然后在鸡背正中拉一刀至尾，在鸡胸正中拉一刀，将翼膊骨关节割离，手拉鸡翼向后，将鸡肉褪至大腿，接着将大腿

向上翻起，用刀割断腿部与身体之间的关节及筋络，再将鸡肉拉出，使之完全脱离鸡壳。

（2）将起出的鸡肉割下鸡翼（另用），在鸡腿部位沿着腿骨拉一刀，从鸡膝下刀将大腿骨与小腿骨割开，并分别起出即可（鸡胸肉拉出另用）。鸡的两侧起肉方法相同。

想一想

1. 粤菜中所讲的本地鸡产于什么地方？外形特征是怎样的？
2. 宰鸡时放血不干净会怎样？
3. 公鸡与母鸡的烫毛水温有什么差别？烫毛时应注意什么问题？
4. 分档取料有什么作用？
5. 分档取料的关键是什么？

练一练

根据工作任务，练习宰活鸡及对其进行分档取料、初加工、菜式制作。

项目 6
鸭肉加工

学习目标

1. 了解鸭的分档取料和整鸭出骨的知识。
2. 了解光鸭的初加工方法和刀工处理。
3. 掌握鸭的烹饪应用。

前置作业

1. 请了解鸭的种类。
2. 请搜集以鸭为原料制作的菜肴图片。

鸭

　　鸭是鸟纲雁形目鸭科家禽。家鸭是由野生绿头鸭和斑嘴鸭驯化而来的。中国是世界上最早驯养家鸭的国家之一。

　　中国家鸭的品种有两百多种，按用途的不同主要分为三类：肉用型鸭（北京鸭、番鸭等）、蛋用型鸭（福建金定鸭等）、肉蛋兼用型鸭（江苏高邮麻鸭等）。在广东常用的品种包括番鸭、本地鸭等。

　　番鸭原产于中美洲，是世界上著名的肉用鸭品种。其喙及眼的周围长有红

色或黑色的皮瘤，头大，颈粗短，毛色多为黑色和白色。其中以海南琼海所产的加积鸭肉质肥美鲜嫩，品质最佳。

本地鸭为珠江三角洲地区所产，以南沙万顷沙的为最佳，其毛为麻色，颈短，头细，脚短、带赭色，胸肉厚，骨细肉多，肉质鲜美。

毛鸭喉管软翼处有天蓝色光泽的为嫩鸭；体重、嘴上花斑多、喉管硬、胸部底骨发硬、毛色暗的为老鸭；以尾部软滑丰满、手触感觉不到骨的为肥，反之则瘦。

任务 1 光鸭的分档取料

光鸭分档取料方法及应用：

鸭头：用于煲汤。

鸭颈：用于煲汤。

鸭背：用于煲汤。

鸭翼：用于制作卤水鸭翼。

鸭胸肉：用于拉丝、切片、脯。

大腿肉：用于切片、脯。

小腿肉：用于切丁。

任务 2 整鸭出骨

起全鸭（起全鸡同）：

（1）将原只未开肚的光鸭洗净后，先用刀在鸭颈背直拉一刀约一寸半长，剥开颈皮，将颈骨从刀口处褪出，在近鸭头处将颈骨切断（皮不要切断），再将鸭皮往下褪，使整条颈骨露出，鸭的嗉窝也随之显露出来。

（2）用刀将鸭翼上端与肩胛连接的筋络割断（鸭的两侧一样），再用斜刀将颈喉骨（锁喉骨）与胸肉连接处割离。

（3）将鸭仰放在砧板上，胸向上。左手按牢鸭胲部分，右手将鸭胸肉挖离胸骨，到胸骨下端即止。接着将胸两旁的肉挖离肋骨。

（4）接着切离背部根膜，顺脱至大腿上关节骨，将左右腿翻起向上，先用刀割开腰部的核桃肉，割断大腿与身体相连的筋络，再用刀背在皮肉与下脊骨的连接处轻轻敲离，边敲边褪，至鸭尾骨即止，将尾骨切断，使鸭骨壳与皮肉完全分离。

（5）在鸭翼骨的顶端用刀圈割，然后用力顶出翼骨，斩断（与两边的翼骨脱骨相同）。将腿骨膝关节处割开，先起出大腿骨，然后以起翼骨的相同办法，起出小腿骨（两侧腿骨起法相同）。

（6）从鸭的尾部起出鸭尾酥，将鸭的第二节翼斩去（仅斩去翼的尖部，全鸡则留全翼）。将鸭舌拔出，斩嘴留舌。

起全鸭、全鸡的要求是：不穿孔，刀口不超过翼膊，不存留残骨，起肉要干净。

想一想

鸭的分档取料和整鸭出骨具体应怎样做？有哪些步骤？

练一练

根据工作任务，练习鸭的分档取料、整鸭出骨、初加工及其菜式制作。

模块三

畜类原料加工

一、畜类原料的组织结构

畜类原料的组织结构包括肌肉组织、脂肪组织、结缔组织、骨骼组织。肌肉组织所含的营养物质丰富，其含量的多少是决定畜肉品质的重要因素。脂肪组织是决定畜肉品质的第二个因素，因为若肌肉中的肌间脂肪含量多，可使肉质鲜嫩，口感好。结缔组织主要由胶原蛋白和弹性蛋白构成，均属不完全蛋白质，其含量的多少会影响肉的品质。骨骼组织是动物机体的支持组织，在管状骨中的骨髓里含有一定的脂肪和蛋白质。

二、畜肉的化学组成

畜类的肌肉和部分内脏组织中含有丰富的蛋白质，主要有肌球蛋白、肌红蛋白和球蛋白等完全蛋白质。结缔组织中的胶原蛋白、弹性蛋白属于不完全蛋白质，食用价值不及肌肉组织高。水分以自由水及结合水的形式主要存在于肌肉中。

畜肉的脂肪组织含甘油三酯（脂肪）及少量的磷脂、胆固醇、游离脂肪酸等成分。

矿物质在瘦肉中的含量较高，在内脏中的含量属最多，主要有钙、磷、硫、氯、钾、钠、铁、锌、锰、铜等。

畜肉中含的维生素以 B 族维生素为主，肝脏中含有较多的维生素 A 和维生素 D 等。

碳水化合物以糖原形式存在，糖原又称动物淀粉，有存在于肝脏中的肝糖原，也有存在于肌肉组织中的肌糖原。

含氮浸出物也是畜肉的组成之一，主要包括肌肽、肌酸、肌酐、氨基酸、嘌呤化合物等。

由于种类、品种、日龄、公母、部位及其他因素的影响，畜体中的化学成分也存在着差异。

三、常见的家畜品种

家畜的种类有猪、羊、牛、马、驴、兔等。

四、家畜类初加工的一般原则

（1）要放清血污。家畜类的宰杀，无论是刺心或割喉放血，均应放净血，以保证肉色洁净。若放血不净，则会使原料肉色瘀红，影响菜品质量。

（2）脱毛要干净。不同的家畜，脱毛的水温也各有差异，若错用水温，是很难脱毛的。在烫毛时，应注意同一原料不同部位的先后处理顺序，不能一概而论。并注意去净细小的绒毛。

（3）要洗涤干净。必须除净污秽，特别是内脏，如肠、胃的污秽，必要时可借助其他材料，将其清洗干净，以去除异味。

（4）要剔除影响食品质量的不良部位。

（5）加工、分割后的各部分原料应分别放置保藏，以免造成相互间的交叉污染，从而影响菜肴的食味。

（6）注意节约，提高利用率。

项目 7
猪肉类原料加工

学习目标

1. 了解猪瘦肉、排骨、五花肉、猪肚等猪肉类原料的知识。
2. 掌握猪瘦肉、排骨、五花肉、猪肚的初加工方法和烹饪应用。

前置作业

1. 请到菜市场对猪瘦肉、排骨、五花肉、猪肚等猪肉类原料进行市场调查。
2. 请搜集用猪肉类原料制作的菜肴图片。

任务 1 猪瘦肉加工

1. 原料简介

猪又名豚，是主要的家畜之一，属猪科动物。猪肉是人们日常生活中主要的副食品，具有补虚强身、滋阴润燥、丰肌泽肤的作用。凡病后体弱、产后血虚、面黄羸瘦者，皆可用之作营养滋补之品。

2. 品质特点

猪瘦肉性平、味甘，润肠胃，生津液，补肾气，解热毒，补虚强身，滋阴润燥。猪瘦肉的营养非常全面，不仅为人类提供优质蛋白质和必需的脂肪酸，还提供钙、磷、铁、硫胺素、核黄素和烟酸等营养元素。相对牛、羊肉来说，猪瘦肉的营养优势在于其含有丰富的 B 族维生素，能调节新陈代谢，维持皮肤和肌肉的健康，加强免疫系统和神经系统的功能，促进细胞生长和分裂，预防贫血发生，而且猪瘦肉中的血红蛋白比植物中的血红蛋白更利于人体吸收，因此，吃猪瘦肉补铁的效果要比吃蔬菜好。猪瘦肉纤维较为细软，结缔组织较少，肌肉组织中含有较多的肌间脂肪，经过烹调加工后肉味特别鲜美。

3. 初加工方法

猪瘦肉可加工成片、丝、丁、粒、脯、蓉等。

4. 刀工成形及应用

猪瘦肉适用的烹调方法及刀工成形如下：

肉片、丝、丁：用于炒、油泡。

肉饼：用于蒸。

大方粒：用于炖。

肉件、块：用于煲。

肉脯：用于煎。

肉蓉：用于馅料。

任务2　排骨加工

1. 原料简介

排骨是指猪腹腔靠近肚腩部分的肋骨和脊椎骨，它的上边是肋排和子排。小排的肉层比较厚，并带有白色软骨。

2. 品质特点

新鲜排骨的肉和骨头颜色红润、有光泽，排骨有淡淡的肉腥味和特有的猪油香味，猪排骨能提供人体生理活动所必需的优质蛋白质、脂肪，其丰富的钙质可维护人体骨骼健康。

3. 初加工方法

按排骨的间格开条，斩去近脊处的"骨钉"，洗净，滤去水分。

4. 刀工成形及应用

排骨多用于焖、蒸、焗、炸、煲汤等烹饪方法，用时多斩成 2～7 厘米的条状。

任务 3　五花肉加工

1. 原料简介

五花肉又称肋条肉、三层肉，是位于猪的腹部、猪肋排上的肉。猪腹部脂肪组织很多，其中又夹带着肌肉组织，肥瘦相间，故称"五花肉"。这部分的瘦肉最嫩且多汁。

2. 品质特点

五花肉肉七无血、肥肉、瘦肉红白分明、颜色鲜艳。最好的五花肉在接近猪后臀尖部位，此处的五花肉，五花三层分明，肥、瘦肉厚度相当，一整块五花肉厚度为 3～4 厘米。

3. 初加工方法

五花肉可切成小方块或肉片。

4. 刀工成形及应用

五花肉适用的烹调方法：
肉片：适用于蒸、炒。
厚件：适用于扣肉。

任务 4　猪肚加工

1. 原料简介

猪肚即猪的胃。

2. 品质特点

猪肚色泽洁白，细嫩爽口，味美鲜香。具有补虚损、健脾胃的功效，适用于气血虚损、身体瘦弱者。

3. 初加工方法

猪肚一般都有腥臭味，洗猪肚时，应先用清水冲洗，再用粗盐加生粉、白醋涂抹猪肚，反复揉搓，粗盐和生粉可以起到除去猪肚表面脏物的作用，然后放入有清水的锅中略烫，取出后用清水洗净即可。此外，洗猪肚时，还可先将外面的黏液刮净，再从肚头（肉厚部分）切开，去掉内壁的油污，清洗干净。

4. 刀工成形及应用

常用的刀工成形方法：肚件、肚丝、肚片。

想一想

1. 猪的各部位原料加工各有哪些特点？
2. 猪瘦肉、排骨、五花肉、猪肚等原料按照烹调的需要，可制成哪些菜式？怎样加工？

练一练

根据工作任务，对猪瘦肉、排骨、五花肉、猪肚等原料进行初加工、加工成形。

项目 8
牛肉类原料加工

学习目标

1. 了解牛柳、牛腩等牛肉类原料的知识。
2. 掌握牛柳、牛腩的初加工方法。
3. 能够掌握牛柳、牛腩的烹饪应用。

前置作业

1. 请了解牛的分档部位。
2. 请搜集用牛肉类原料制作的菜肴图片。

牛的分档

牛头（包括颈头、牛脷）：牛头部位皮多，骨多肉少，宜于制卤水食品，或红焖。牛脷宜于煎、焗、煲，或以卤水浸卤。

前腿（又称矢）：前腿包括矢肉、矢凿、矢肚三件大肉。此外，还有矢板、矢摄、腔头、葫芦仔等。前腿的三件大肉，肉多筋少，肉质较嫩，适宜切片，作炒肉或剁肉用。葫芦仔肉较爽滑，适宜制作以蒸、焗、炒为烹饪方式的食品。

后腿（又称后脾棚）：包括水星、后脾腱、葫芦摄、鬼面等。后脾腱、葫芦摄肉质幼嫩且瘦，宜于切片、切丝或作剁肉之用；鬼面肉纹显著，筋少。

腩（包括碎腩、坑腩、白腩）：碎腩是从牛肉上打出来的筋碎，适宜制作以煲、焖、炖等烹饪方式为主的食品；坑腩接连腔骨，因而呈坑形，可用于制作以焖、煲、炒、烧等烹饪方式为主的食品；在腔下破刀处尚有牛腔尖肉即白腩，色泽黄白，蒸、煀、炒皆宜。

柳肉（包括坑腩）：这个部分以坑腩为多，夹脊处有两条柳肉，是整头牛中最嫩的部位，肉幼而滑，味香而鲜，切片、拉丝皆宜，很适合制作较好的菜肴。

腰窝头（包括腰窝排）：腰窝头位于脊部，下连牛柳，后接打棒，肉质厚阔而肥嫩，适用于炒片及烧、焗。

打棒：这是连接腰窝头及牛尾的部位，是牛的臀尖，因其为经常受鞭打的部位而成名。打棒部位肉质厚嫩，上肥下瘦，适用于剁肉和切片等。打棒因肉质结实而水分少，故腌制时其吸水量也比其他部位多。

花头：花头是颈头肉的后部，包括扇面肉等，肉纹较粗，适宜于卤、焖、煀或剁碎做肉丸，扇面肉的用途与前腿肉相同。

牛尾：在粤菜中用途不大，一般只当粗料用，但该部位肉质肥美，营养丰富，西菜中较有名的"牛尾汤"即是以此为原料的。

牛脚：有筋无肉，骨多皮厚，脚筋部位适用于红焖或清炖。

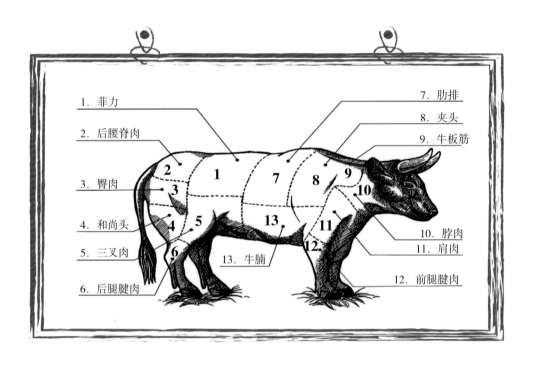

1. 菲力
2. 后腰脊肉
3. 臀肉
4. 和尚头
5. 三叉肉
6. 后腿腱肉
7. 肋排
8. 夹头
9. 牛板筋
10. 脖肉
11. 肩肉
12. 前腿腱肉
13. 牛腩

任务1　牛柳加工

1. 原料简介

牛柳指的是牛的里脊肉。牛胴体大体上分为十二块，现代化屠宰加工企业将牛肉分为里脊（牛柳）、外脊、眼肉、上脑、胸肉、肩肉、米龙、腱子肉、腹肉等。

2. 品质特点

口感鲜嫩爽滑，吃起来比较香。

3. 初加工方法

将牛柳放置砧板上，用刀将边角的肥油去掉，同时将牛柳底部的一条整筋去掉。

4. 刀工成形及应用

牛柳多加工成肉片、肉丝、肉脯，用于煎、炒、油泡、汤羹、炸等。

任务 2　牛腩加工

1. 原料简介

牛腩是指带有筋、肉、油花的肉块，这只是一种统称，若依部位来分，牛身上许多地方的肉都可以叫作牛腩。国外进口的牛腩以切成条状的牛肋条为主（又称条肉），是取自肋骨间的去骨条状肉，瘦肉较多，脂肪较少，筋也较少，适用于红烧或炖汤。另外，在里脊肉上层有一片筋少、油少、肉多，但形状不太规则的里脊边，也可以称作牛腩，是上等的适用于红烧的部位。牛腩包括碎腩、坑腩、白腩。

2. 品质特点

新鲜牛腩有光泽，红色均匀稍暗，脂肪洁白或呈淡黄色，外表微干或有风干膜，不粘手，弹性好，有鲜肉味。老牛腩色深红、质粗，嫩牛腩色浅红，质坚而细，富有弹性。

3. 初加工方法

浸洗干净，去除杂物。

4. 刀工成形及应用

将牛腩洗净切块，下沸水锅煮20分钟捞出，用水冲洗干净，备用。

想一想

1. 牛有哪些种类？各有什么特点？
2. 牛肉切片最好是取哪个部位的肉？
3. 牛腩可分为哪几种？

练一练

根据工作任务，试述牛的不同部位分别可制成什么菜式。

模块四

水产类原料加工

　　水产品包括鱼、虾、蟹、贝类等，品种多，产量大，味美可口，营养丰富，是为人们提供动物性蛋白质的重要食物，因而也是人们所喜爱的日常食品。我国河网广阔，鱼塘密布，海岸线长，水产资源丰富，而且各种水产品都有着不同的品质特点。为了叙述的方便，我们按照水产品的不同生存条件及粤菜的行业习惯，将其分为鱼类、虾蟹类、贝类和其他水产四大类。

一、水产品具有丰富的营养成分和较高的食用价值

　　水产品是人类重要的烹饪材料。拿鱼类来说，它含有人体所必需的多种物质，如脂肪、蛋白质、糖类、矿物质、维生素等。水产品含有丰富的营养素，有较高的食用价值。经常食用鱼能很好地改善人的视力，降低胆固醇，可以防治动脉硬化、冠心病，也能降低癌症发生的概率。

二、水产品初加工的原则

　　水产品的种类较多，肉鲜味美，营养丰富，是烹调的重要原料，无论在筵席或普通聚餐中，以水产品作菜肴原料的比重都很大。要根据水产类原料的不同品种、用途来对其进行初加工，总的来说，应注意以下几个原则：

　　（1）要营养卫生。

　　（2）注意不同品种和不同用途的水产类原料之间加工方法的差异。

　　（3）形态要美观。

　　（4）合理选用原料，注重节约。

项目 9
鱼类原料加工

学习目标

1. 了解鲩鱼、鳙鱼、生鱼、鲈鱼、多宝鱼、黄鳝、鲮鱼等鱼类原料的知识。

2. 掌握鲩鱼、鳙鱼、生鱼、鲈鱼、多宝鱼、黄鳝、鲮鱼的初加工方法。

3. 掌握鲩鱼、鳙鱼、生鱼、鲈鱼、多宝鱼、黄鳝、鲮鱼的烹饪应用。

4. 能够对其他鱼类原料进行初加工和刀工处理。

前置作业

1. 请对水产市场销售的鱼类原料进行市场调查。

2. 请搜集各种鱼类原料的菜式名称及其制作方法。

鱼类初加工

放血：目的是使鱼肉质洁、无血腥味。放血时，左手将鱼按在砧板上，令鱼腹朝上；右手持刀，在鱼鳃的鳃盖口处下刀，刀顺滑至鱼鳃，切断鳃根，随即放进水盆中，让鱼在水中挣扎，血流尽而死。还有一种方法是先斩鱼尾部，随即将鱼头斩下，把水管插进鱼喉，通水后，鱼血便随水从鱼尾冲出。

打鳞：用鱼鳞刨刀从鱼尾部往头部刨下或刮下鱼鳞，又称为打鱼鳞。打鳞时不可弄破鱼皮，特别是刀刮鱼鳞时更要注意。用刀打鳞时精神要集中，要注意安全。因为打鳞时是逆刀刮鳞的，极容易伤及按鱼头的手。鱼鳞要打干净，尤其是尾部、头部或近头部、背鳍两侧、腹鳍两侧等部位，打鳞完毕后要注意检查是否留有鱼鳞。鲫鱼、鲤鱼可不去鳞。

去鳃：鱼鳃既腥又脏，必须去除。去鳃时，一般可用刀尖剔出，或用剪刀剪除，也可以用手挖出，有时需用结实的筷子或竹枝从鳃盖处或口中拧出。

取内脏：取内脏的方法有三种。开腹取脏法（腹取法），在鱼的胸鳍与肛门之间直切一刀，切开鱼腹，取出内脏，刮净黑腹膜。这种方法简单、方便、快捷，使用最广泛，如鲫鱼、鲤鱼、鲩鱼、鲳鱼、煲汤的生鱼等，都可用此法；开背取脏法（背取法），沿背鳍下刀，切开鱼背，取出内脏及鱼鳃。根据需要，有的要取出脊骨和腩骨，有的可不取出。这种方法能在视觉上增大鱼体，美化鱼形，可用于蒸的生鱼、山斑鱼等；夹鳃取脏法（鳃取法），在肛门前1厘米处横切一刀，然后用竹枝、粗筷子或专用长铁钳从鳃盖处插入，夹住鱼鳃缠扭，在拧出鱼鳃的同时把内脏也拧出。这种方法能最大限度地保持鱼体外形的完整，常用于原条使用的名贵鱼种，如鲈鱼、鳜鱼、东星斑等。

洗涤整理：取出内脏后，继续刮净黑腹膜、鱼鳞等污物，整理外形，用清水冲洗干净。

任务 1　鲩鱼加工

1. 原料简介

鲩鱼，也叫草鱼，身体呈微绿色，鳞呈微黑色，生活在淡水中，是我国特产的重要鱼类之一。体略呈圆筒形，头部稍平扁，尾部侧扁；口呈弧形，无须；上颌略长于下颌；背部青灰，腹部灰白，胸、腹鳍略呈灰黄，其他各鳍呈浅灰色。为中国黑龙江、广西等地的特有鱼类。鲩鱼有白鲩、黑鲩之分。白鲩体长略呈圆筒形，色青白，嘴小，鳞大，口腔内有咽牙两行；黑鲩的体形和白鲩相似，不同之处是色泽青黑，咽喉内仅有一行咽牙。黑鲩的味道不及白鲩。

2. 品质特点

鲩鱼肉质爽滑而鲜，骨丝少。

3. 初加工方法

（1）宰鱼的方法。将鱼放侧，用食指和拇指紧扣鳃部，一手执刀从尾至头削去鱼鳞，再从腮下至尾鳍部用平刀在鱼腹开肚（不得过深，否则会戳破鱼胆），挖去内脏，刮去黑腹膜，从头部挖去鱼鳃和鱼牙，洗净便可。

（2）起鲩鱼肉。将洗净的鱼从鱼尾沿脊骨向头部起出两边鱼肉，去掉鱼腩骨，即成鱼肉。

4. 刀工成形及应用

常用的烹饪方法：蒸、炸、炒、焖等。

任务 2　鳙鱼加工

1. 原料简介

鳙鱼，在广东俗称大鱼，也称大头鱼。此鱼的头特别大，几乎占全身长度的三分之一，是我国四大淡水饲养鱼之一。

2. 品质特点

鳙鱼身略扁、头大、嘴阔、鳞细，背部黑色，体侧深褐带有黑色或黄色花斑，腹部灰白。鳙鱼鱼头很肥，鱼头云甚大，嫩滑美味，此鱼在冬季最肥。

3. 初加工方法

鳙鱼与鲩鱼的加工方法相同。

4. 刀工成形及应用

常用的烹饪方法：宰净后起腩肉，改鱼块，用于焖、煎、蒸等。

任务 3　生鱼加工

1. 原料简介

生鱼，又名乌鱼、乌鳢，各地的俗称很多。广东常见的生鱼主要有两种：一种是斑鳢（俗称本地生鱼、两广生鱼），另一种是乌鳢（俗称两湖生鱼或外地生鱼）。这两种生鱼在形态特征、地理分布和经济价值等方面，都有明显的差异。

2. 品质特点

生鱼是一种经济价值很高的淡水鱼类，分布广，产量高。生鱼的鱼刺少，肉厚味美，营养丰富，是烹饪中常用的原料，普遍用作进补食品。

3. 初加工方法

（1）宰生鱼的方法。生鱼初加工时，先用刀拍鱼头至鱼死，在鱼鳃根部切一刀放血，食指和拇指紧扣鱼头，从尾至头部削去鱼鳞（注意鱼头的鳞也应削净），刮去潺液。

（2）豉油皇生鱼加工。将生鱼腹鳍、尾鳍起出，再从背部沿鱼脊将鱼肉切开，破开鱼头，将鱼翻转，起另一侧鱼肉，使骨肉分离，鱼头、鱼肉、鱼尾相连，并把脊骨从头部至尾部的一段截断取出，去掉鱼鳃和肠脏，在鱼肉上横拉几刀成井字纹，洗净即可。

（3）起生鱼肉。起出腹鳍、尾鳍，从尾部落刀，沿着鱼脊将鱼肉起出至头部，从头身交接处横切一刀，使鱼肉与鱼骨完全分离，再将鱼翻转，用同样的方法起另一侧鱼肉（两侧脊肉与鱼腩应相连），取出肠脏，洗净即可。

4. 刀工成形及应用

常用的烹饪方法：宰净后起肉，切鱼片、改鱼球、鱼块或原条，用于炒、油泡、清蒸、油浸和煲汤等。

任务4 鲈鱼加工

1. 原料简介

鲈鱼，又称花鲈，常栖息于近海或咸淡水处。体色背面呈淡青色，腹面呈淡白色，背侧及背鳍有若干黑色斑，巨口细鳞，性凶猛。鲈鱼有咸水鲈和淡水鲈两种。

咸水鲈身色暗淡，肉质粗糙，食味较差。淡水鲈又有白花鲈、桂花鲈之称，淡水鲈身色青白，有黑花点，头大、口大、鳞细，嘴里有牙且锋利，鳍骨极硬。广东以西江一带所产的白花鲈为佳。

2. 品质特点

鲈鱼肉质白嫩、清香，没有腥味，肉为蒜瓣形，最宜清蒸、红烧或炖汤。尤其是在秋末冬初，成熟的鲈鱼特别肥美。

3. 初加工方法

把鱼拍晕去鳞，在肛门上 1 厘米处横拉一刀（将肠切断），切断两鳃根，用长火钳从鳃两侧插入鱼肚，顺着一个方向扭动，把鱼鳃和肠脏扭拉出来，将鱼洗净即可。

4. 刀工成形及应用

常用的烹饪方法：宰净后起肉，改鱼块、鱼球、鱼片或原条，用于炒、油泡、焖或清蒸等。

任务 5　多宝鱼加工

1. 原料介绍

多宝鱼即漠斑牙鲆，又名南方鲆。多宝鱼学名大菱鲆鱼，原产于欧洲大西洋海域，是世界公认的优质比目鱼之一。其身体扁平、略成菱形，褐色中隐约可见黑色和棕色的花纹。由于其游动时体态十分优美，宛如水中之蝴蝶，故又称"蝴蝶鱼"。属海洋底栖鱼。

2. 品质特点

多宝鱼肉质鲜美，比日本鲆更为细腻滑爽和富有弹性。该鱼具有抗病力强、耐高温、对环境的适应能力强、耐低氧、易运输等特点。

3. 初加工方法

从鱼鳃里开一个口放血，用直刀开肚法取出鱼鳃和内脏。

4. 刀工成形及应用

常用的烹饪方法：宰净后起肉，改鱼球、鱼块或原条，用于炒、油泡、焖、清蒸等。

任务 6　黄鳝加工

1. 原料简介

黄鳝的分布很广，全国各处都有分布，尤以江苏、浙江、广东和沿长江流域各省出产为多。黄鳝生长在江河支流、湖泊、水库、池沼、沟渠和稻田中。广东以新会所产的黄鳝较肥美，但一般体形较小，其他省份产的体形粗长，略有黑斑点，食味较广东省的更腥一些。广东黄鳝以清明时节上市较多，立秋后很少。

2. 品质特点

黄鳝的体形细长，呈蛇形，前段圆，后段渐扁，尾部尖细，头粗，眼细，无鳞有潺液，背部呈赤褐色，腹部呈黄色。黄鳝在其一生中，具有性逆转的现象。所谓性逆转，就是个体生命的一阶段表现为雌性或雄性，另一阶段则表现为雄性或雌性。

黄鳝的肉质爽滑，味道鲜美，营养丰富。因此，其在民间除了供作食用外，还常用以治疗虚劳咳嗽、小儿疳积、神经性头痛等。

3. 初加工方法

（1）三分法。从颈部用刀斩头（骨断肉不断），叉牢鳝尾在砧板上，再用刀沿着脊骨从尾至头将肉割离脊骨，最后从头至尾横刀起出脊骨，将肉全部起净。

（2）二刀法。从颈部落刀斩颈骨，叉着黄鳝尾，用手将鳝身扶稳，第一刀从尾至头，第二刀从颈骨落刀以平铲至尾，起出脊骨便成。

4. 刀工成形及应用

常用的烹饪方法：宰净后改鳝段、起肉，用于炒、油泡和煲仔类等。

任务 7　鲮鱼加工

1. 原料简介

鲮鱼，鲤形目鲤科，是我国南方鱼塘中一种重要的养殖鱼类，原分布在气候较热的广东、广西和福建南部等地的淡水河川里，现逐步在池塘中得到驯化。鲮鱼头细、身稍扁、色泽银灰，成长较慢，个头不大，但成本较低，无须特别照顾。

2. 品质特点

鲮鱼骨甚多，但味鲜肉嫩，吸水性强，是制作鱼胶、鱼青的理想原料。

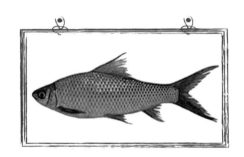

3. 初加工方法

（1）宰鲮鱼方法。去鳞、去腮，开肚取脏，刮黑膜，洗净。

（2）起肉法。去鳞、尾鳍和腹鳍。平刀由尾部至头部贴紧脊骨将鱼肉起出。

4. 刀工成形及应用

常用的烹饪方法：宰净后用于清蒸、煲汤；起鱼肉，打鱼胶用于炒、油泡等。

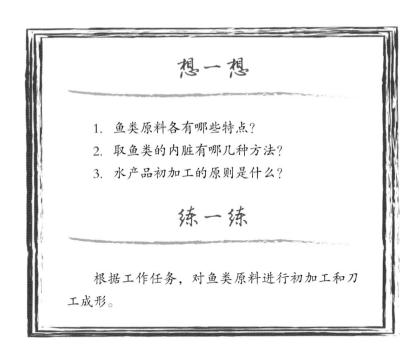

想一想

1. 鱼类原料各有哪些特点？
2. 取鱼类的内脏有哪几种方法？
3. 水产品初加工的原则是什么？

练一练

根据工作任务，对鱼类原料进行初加工和刀工成形。

项目 10
虾蟹类原料加工

学习目标

1. 了解明虾、花蟹、龙虾等虾蟹类原料的知识。
2. 掌握明虾、花蟹、龙虾的初加工方法。
3. 掌握明虾、花蟹、龙虾的烹饪应用。

前置作业

1. 请对水产市场销售的虾蟹类原料进行市场调查。
2. 请搜集明虾、花蟹、龙虾的菜肴图片及其制作方法。

任务 1　明虾加工

1. 原料简介

明虾，又称大虾、对虾。此虾在海水里活动时，身体透明度高，故名明虾。因为它体形较大，故又称大虾。因在过去北方市场中成对出售，又有"对虾"之称。明虾主要的产地在渤海一带，广东的虎门、太平、万顷沙、阳江、汕头等地均有出产。每年夏末至翌年春末均有出产。明虾身弯如弓，能屈能伸，头有枪刺，有钳，须长，腹前多爪，三叉尾。

2. 品质特点

明虾肉色透明，爽滑，味鲜美，营养丰富，是较为名贵的烹饪原料之一。

3. 初加工方法

先将明虾洗净，再用剪刀剪去虾枪、虾眼、虾须、虾腿，用虾枪或牙签挑出头部的沙袋和脊背处的虾筋和虾肠即可。根据不同的烹调要求，也可将明虾的皮全部剥掉或只留虾尾。

4. 刀工成形及应用

明虾的加工形式有虾仁、虾球、虾胶；常用的烹饪方法有油泡、白灼等。

任务 2　花蟹加工

1. 原料简介

花蟹又称远海梭子蟹，产于我国南方沿海一带，如广东阳江、海南等地。其色彩艳丽，背壳上的花纹清晰美观。花蟹的重量 1～5 斤不等。蟹肉口感紧致鲜美。因为花蟹是地地道道的海蟹，人工不能养殖，所以较为名贵。

2. 品质特点

每年的 9～10 月所产的花蟹蟹黄多、油满，蟹肉肥嫩，且味美色香，为一年当中最鲜美之时。蟹脐小而呈尖状的是公蟹；蟹脐大而呈扇形的是雌蟹。

3. 初加工方法

将蟹背朝下，在蟹肚中部斩一刀（不要斩断），翻转蟹身，用刀压着蟹爪，将蟹盖揭去，刮去鳃，然后左手执着蟹爪，右手用刀背敲去蟹身内的污物（若为膏蟹，应取出蟹膏另用），洗净。

4. 刀工成形及应用

花蟹在烹调时，常斩件用于炒、蒸、炸等。

任务 3　龙虾加工

1. 原料简介

龙虾生活在温暖的海底，白天潜伏在海底岩礁的缝隙里，夜出觅食，行动迟缓、不善游泳，主要产于我国东海和南海，以广东南澳岛产量最多，夏、秋季为出产旺季。

龙虾体形粗壮，圆柱形，略扁平，身体呈橄榄色并密布白色小点。整个身体分为头胸部和腹部两部分。头胸部发达，头胸甲坚硬多棘刺，两对触角较长，头胸部的五对步足也较发达，触角和步足展开则很像神话里的龙，故得名龙虾。腹部较短，五对游泳足已基本退化，尾部有尾肢。

龙虾种类繁多，因水域不同而相异。澳大利亚龙虾鲜甜雪白，肉质滑而肥厚；大花龙虾全身皆有花纹，肉质鲜甜肥美；南非龙虾则头大尾细，全身呈红色；青白龙虾以亚洲出产为主，产地有印度尼西亚、越南和中国广东等，肉质鲜甜爽滑；波士顿龙虾则壳硬肉少，味道较淡，但价钱便宜实惠。此外，还有珍珠龙虾、黑白龙虾和石头龙虾等。

2. 品质特点

龙虾体大肉多，营养丰富，滋味鲜美，是名贵的水产品。

3. 初加工方法

（1）起肉。①放尿；②一手用手布按着头部，另一手抓住虾身，用力将头部和虾身撕开；③沿虾壳的边沿剪开；④用利刀将虾肉挑离虾壳；⑤将虾肉和虾壳分离；⑥取出虾肉；⑦挑去虾肠。

（2）斩件。顺虾身腹部开边，再斩成件，将龙虾剪去须、枪、脚后洗净。

4. 刀工成形及应用

常用的刀工成形方法：球、片、件等。

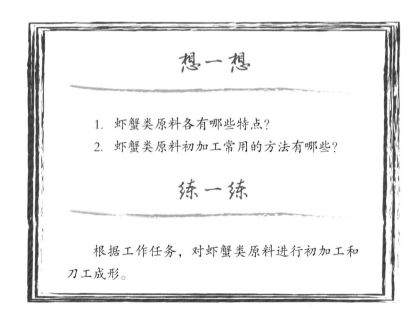

想一想

1. 虾蟹类原料各有哪些特点？
2. 虾蟹类原料初加工常用的方法有哪些？

练一练

根据工作任务，对虾蟹类原料进行初加工和刀工成形。

项目 11
贝类原料加工

学习目标

1. 了解鲍鱼、扇贝、带子、海螺等贝类原料的知识。
2. 掌握鲍鱼、扇贝、带子、海螺的初加工方法。
3. 掌握鲍鱼、扇贝、带子、海螺的烹饪应用。

前置作业

1. 请对水产市场销售的贝类原料进行市场调查。
2. 请搜集鲍鱼、扇贝、带子、海螺等贝类原料的菜式品种及其制作方法。

任务 1　鲍鱼加工

1. 原料介绍

鲍鱼，与鱼类毫无关系，形状有点像人的耳朵。其壳的边缘有 9 个孔，海水从此处流进、排出，连鲍的呼吸、排泄和生育也得依靠它们，所以又叫它九孔螺。鲍鱼壳表面粗糙，有黑褐色斑块，里面呈现青、绿、红、蓝等色交相辉映的珍珠光泽。全世界约有 90 种鲍，它们遍及太平洋、大西洋和印度洋。我国渤海海湾产的鲍叫皱纹盘鲍，个体较大；东南沿海产的鲍叫杂色鲍，个体较小；西沙群岛产的半纹鲍、羊鲍，是著名的

食用鲍，由于其天然产量很少，因此价格昂贵。

2. 品质特点
肉质细嫩，鲜而不腻，营养丰富。

3. 初加工方法
用小刀将鲍鱼肉从壳中挖出，去掉肠肚后，用刷子刷净，加盐搓洗一下以备用。

4. 刀工成形及应用
常用的烹饪方法：清蒸、炒、炖、红烧等。

任务 2　扇贝加工

1. 原料介绍
扇贝属于双壳类软体动物，双壳纲牡蛎目，附着在浅海岩石或沙质海底生活。扇贝的品种很多，有四百余种，全世界的海洋中都有扇贝。在我国沿海，捕捞扇贝主要在北方，而且以山东省石岛稍北的东楮岛和渤海的长山岛两个地方最有名。很多扇贝可作为美食食用。扇贝中央有收缩肌肉，其壳里的一个瘢痕，是这种肌肉的附着点。扇贝是贝类中唯一能迁徙的物种。壳内的肌肉为可食部位。

2. 品质特征
闭壳肌肉洁白、细嫩、味道鲜美，营养丰富。闭壳肌干制后即是"干贝"，被列为八珍之一。

3. 初加工方法
破开硬壳，取出肉枕，放盐和生粉拌匀后再用清水洗干净，滤干水分备用。

4. 刀工成形及应用
常用的烹饪方法：炒、油泡、蒸等。

任务 3　带子加工

1. 原料简介
带子产于沿海地区。鲜带子是一种贝类的闭壳肌，脱壳而成，形状像棋子，色灰白，也有淡黄色的。有些还有两条肉带连着，故称带子。

2. 品质特征

肉爽滑、鲜嫩，微腥。

3. 初加工方法

破开硬壳，取出肉枕后洗干净。带子含沙较多，应先捞起放入盆内，每斤带子放盐 3 克搅匀，用清水洗干净，再放入盆内，放生粉 25 克拌匀，用清水洗干净，滤干水分备用。

4. 刀工成形及应用

常用的烹饪方法：蒸、炒、油泡、炸等。

任务 4　海螺加工

1. 原料简介

海螺产于广东、福建等地的沿海地区，广东以惠阳、汕头地区产量较多，质量也较好。海螺分肉螺、角螺，一般以个头大的为最佳。

2. 品质特点

海螺壳坚硬有旋形。头部起角，顶尖，头大有掩，身长而尖削到尾，肉体呈微旋转状，藏伏于壳内。肉螺的外壳角小而圆滑，壳薄肉多；角螺的外壳角多起峰棱，壳厚肉少，但两者的味道均佳，肉爽而鲜，为筵席上的佳品。

3. 初加工方法

手执螺尾，用锤子将螺嘴部敲破，取出螺肉，去掉螺掩，用盐或枧水擦掉黏液和黑衣，挖去螺肠，洗净。

4. 刀工成形及应用

海螺在烹调时起肉切片或改球，用于炒、油泡、白灼、炖汤等。

想一想

1. 贝类原料各有哪些特点?
2. 贝类原料初加工常用的方法有哪些?

练一练

根据工作任务,对贝类原料进行初加工和刀工成形。

项目 12
其他水产类原料加工

学习目标

1. 了解鱿鱼、墨鱼、水鱼、牛蛙等水产类原料的知识。
2. 掌握鱿鱼、墨鱼、水鱼、牛蛙的初加工方法。
3. 掌握鱿鱼、墨鱼、水鱼、牛蛙的烹饪应用。

前置作业

1. 请到市场了解鱿鱼、墨鱼、水鱼、牛蛙的外形特征。
2. 请搜集以鱿鱼、墨鱼、水鱼、牛蛙为原料的菜式品种及其制作方法。

任务 1　鱿鱼加工

1. 原料简介

鱿鱼属软体动物类，是乌贼的一种，外观呈圆锥形，色苍白，有淡褐色斑，头大，前方生有十条长足须，体内有透明软骨一片，尾端的肉鳍呈三角形。目

前在市场上看到的鱿鱼有两种：一种是躯干较肥大的鱿鱼，即枪乌贼；一种是躯干细长的鱿鱼，即柔鱼，小的柔鱼俗名为小管仔。

2. 品质特点

鱿鱼体大肉厚，肉色灰中带微红，味鲜，爽嫩。

3. 初加工方法

用刀切开鱿鱼腹部，剥去软骨、软衣，剥去鱼眼，洗净。

4. 刀工成形及应用

常用的烹饪方法：炒、油泡、炸、酿等。

任务 2　墨鱼加工

1. 原料简介

墨鱼，亦称乌贼鱼、墨斗鱼、目鱼等。产于沿海地区，分布很广。我国以舟山群岛出产较多，广东以春季为盛产季节，尤以晴天大雾时出现较多，容易捕获。

墨鱼是软体动物，头上有八根触须，有两条较长的触手，眼呈长圆形，灰白色，体内有浮骨一块，肚里有墨囊，如将鱼眼挖去，黑墨就由此流出。墨鱼有雌雄之分，雄墨鱼的背部宽而带有花点；雌墨鱼的裙边小，背上发黑。

2. 品质特点

墨鱼不但鲜脆爽口，蛋白质含量高，具有较高的营养价值，而且富有药用价值。墨鱼以雌的为好，肉厚而爽口。

3. 初加工方法

用剪刀剪开墨鱼腹部，剥去软骨、软衣，剥去鱼眼，洗净便可（墨鱼有黑色液体，可放在水中剪剥）。

4. 刀工成形及应用

常用的加工成形有片、丝、球、墨鱼胶等，可用于炒、油泡等。

任务 3　水鱼加工

1. 原料简介

水鱼，又名甲鱼、团鱼、王八。全国各地均产。水鱼多生活于湖泊、河沟、池塘的浮土、泥沙里，以河北的白洋淀、湖南的洞庭湖产量较多。水鱼一年四季均有，属两栖动物，繁殖极快，每年6~7月是其产卵的时期。

水鱼呈椭圆形，嘴尖，头颈圆长，四爪肉厚，背甲圆滑，边缘柔软成肉裙，头尾、四爪能缩藏不露。尾明显长于裙的为公水鱼，尾短于或等长于裙的为母水鱼。珠江三角洲产的水鱼身扁而肥，背黄腹白，裙阔，爬行灵敏；西江产的水鱼背略高，色带青黄，腹部嫣红，裙窄，爬行较迟钝；广东以外省份的水鱼一般较瘦长，露甲骨，背淡黑，腹灰白带红，裙小而薄，有腥味；湖南产的水鱼体形较大，质量较差；河北、四川产的水鱼肉厚、较肥，质量略好。

2. 品质特点

水鱼肉香浓，肉裙爽滑，营养丰富，滋阴补肾。水鱼全身均有用，血可补肾、消寒、壮力，骨盖能入药，卵可治小儿红白痢疾。

3. 初加工方法

将水鱼翻转，肚朝上放在砧板上，用拇指、食指压紧其尾部两侧，待其头伸出后，用刀压着，将其颈拉长，用手握颈部，竖起从肩部中间下刀，斩断头骨和肩骨，把甲壳揭开，取出内脏，用60℃水烫甲壳，擦去外衣，去清黄膏，斩件，将肉裙留用，去掉脚爪。

4. 刀工成形及应用

水鱼多用于焖、炖、煲汤、炒等。

任务 4　牛蛙加工

1. 原料简介

牛蛙，蛙科动物，因其叫声大且宏亮，酷似牛叫而得名。体绿或棕色，腹部

白色至淡黄色，四肢有黑色条纹。体形与一般蛙相同，但个体较大，雌蛙体长达 20 厘米，雄蛙 18 厘米。头部宽扁。眼球外突，分上下两部分。背部略粗糙，有细微的肤棱。四肢粗壮，前肢短，无蹼。牛蛙原产于美国东部数州，1959 年从古巴、日本引进我国内陆。目前我国主要靠养殖生产，全国各地均产，主要集中于湖南、江西、新疆、四川、湖北等地。商品蛙主要产于秋、冬季，供应源主要来自广东、福建地区。

2. 品质特点

牛蛙肉质细嫩、味道鲜美、营养丰富，是低脂肪高蛋白的高级营养食品；牛蛙还有滋补解毒的功效，消化功能差或胃酸过多的人以及体质弱的人可以用来滋补身体。牛蛙可以促进人体气血旺盛，精力充沛，滋阴壮阳，有养心安神补气之功效，有利于病人的康复。

3. 初加工方法

左手食指、拇指钳住牛蛙腹部，从牛蛙眼后部下刀，斩去头部，从刀口处将食指插入，脱去外皮，剁去脚爪，在肚子部位直拉一刀，将肚子剖开，取出内脏，洗净。

4. 刀工成形及应用

牛蛙多用于蒸、炒、焖、炸、煲等。

想一想

1. 鱿鱼、墨鱼、水鱼、牛蛙各有哪些特点?

2. 鱿鱼、墨鱼、水鱼、牛蛙初加工常用的方法有哪些?

3. 怎样区分水鱼、牛蛙的公母?

练一练

根据工作任务,对鱿鱼、墨鱼、水鱼、牛蛙进行初加工和刀工成形。

模块五

干货原料加工

　　所谓干货原料，就是指经过脱水干制而成的原料。很多鲜活原料，无论是植物类的或是动物类的，都可以制成干货原料。鲜活原料制成干货原料的目的主要是便于久藏、运输。经过干制的原料还会增加一些特殊风味，并可以调节市场的原料供应情况。

一、干货原料涨发的概念和意义

　　鲜货原料制成干货原料，其脱水方法也各有不同。有的需阳光晒干，有的自然风干，有的用火烘干，也有经盐渍后再制干等。不同的原料和不同的脱水方法，也就形成了干货原料的复杂性。鲜货原料经过干制以后，变得坚实并具有各种不同的风味。干货原料的使用有一个涨发加工过程，称为干货原料涨发。所谓干货原料涨发，就是通过各种各样的方法使干货原料重新吸收水分，最大限度地恢复其原来的形状，使原料体积膨胀、疏松，并除去腥膻味和杂质，以便于切配和烹调，符合食用要求。

二、干货原料涨发的要求

　　由于干货原料的种类多，产地不一，品质复杂，加工干制的方法不同，因此，性能也各有不同，涨发加工的方法也必须随性能而异。一般说来，对干货进行涨发加工，应注意如下要求：

　　（1）熟悉原料的产地和性能。

　　（2）掌握和鉴别原料的老嫩好坏。

　　（3）熟练掌握操作过程中的各个环节。

三、干货原料涨发的方法

　　干货原料涨发加工的方法要根据原料的性能、干制的原始过程以区别对待。一般来说，涨发加工的方法可分为水发、油发、盐（沙）发、火发四种。在原料的涨发过程中，这四种方法也并非孤立使用，往往都是交叉运用或综合运用的。

项目 13
植物类干货原料加工

学习目标

1. 了解植物类干货原料的概念、品质要求及常用植物类干货（木耳、香菇、竹笙、雪耳、葛仙米）原料的知识。

2. 掌握干货原料涨发——"水发"的原理。

3. 掌握植物类干货的涨发方法。

前置作业

请到市场了解不同品种的木耳和香菇的价格及其外形特征。

知识链接

植物类干货原料是指用植物性原材料通过脱水干制而成的干货原料。一般分为植物性水生干货原料和植物性陆生干货原料两大类。其中又以菌藻类原料居多。

通常植物类干货原料都是用水发的方法进行涨发的。所谓水发，就是把干货原料放入水中浸泡，使其初步回软或重新吸收水分，变得质地松软，尽量恢复原来状态的一种涨发加工方法。水发方法在干货涨发中运用最广，几乎任何一种干货原料，都必须经过水发的过程。水发通常又分为冷水发、热水发、枧水发三种。

冷水发：冷水发即把干货原料放入冷水中，使其自然吸收水分，恢复松软的状态。冷水发在涨发加工中应用最为广泛，是干货原料涨发最基本的一种方法。

冷水发可分为浸、漂两种。浸就是把干货放在冷水中浸相当长的时间，让干货吸收水分膨胀回软，一般适用于体小质软的干货原料。如冬菇、木耳、蘑菇、鱿鱼等，这类原料直接运用浸的方法即可涨足发透。另外，浸的方法还可以和其他涨发方法相配合，用于体大质硬的干货原料。如海参、广肚等原料在用沸水涨发前，都要先用冷水浸相当长的时间，以避免外表的皮烂、破裂甚至溶化，也有利于原料的回软，去除杂质、沙粒；如鳝肚经油发以后，还得经过冷水发使其吸水回软，便于切配烹调。

漂，主要是配合涨发方法，一般用在最后清除原料本身的或在涨发过程中出现的杂质和异味。如海参在反复煲焗后，还必须用冷水漂，以彻底清除腥膻臭味；墨鱼经枧水泡发使其松软后还得再用冷水漂，以除碱质，使之符合食用要求。

热水发：即把干货原料放入热水、温水或沸水中，经过加热处理或加盖焗发，使其快速吸收水分，涨发回软。热水发的应用范围较为广泛，一般可分为以下几种方法：①煲。有些干货原料质地十分坚硬，不容易吸水涨发，就得利用高温作催发条件，才能使水分渗入原料内部，使原料内部涨发回软，以达到脱沙、去骨、内外回软的目的。如鲍鱼，只有通过煲相当长的时间，才能使其回软；②焗。一些干货原料内部较为坚硬，或体大、外表有沙粒或角质表皮而不易发透，就得用沸水或温水加盖焗发，才可使水分渗入原料内部，使其外表疏松，以利于去沙或杂质，使其内部回软，利于切配。如广肚、燕窝等原料；③蒸。就是将原料放入器皿中隔水蒸，一般适用于易碎散的或具特殊风味的原料。如干贝、带子等原料；④泡。就是将原料置于沸水或温水中浸泡一定的时间，一般适用于体小、质微硬的原料。泡是热水发中最简单的一种操作方法，但在操作时应注意气候的因素和原料本身的质地、性能，以调配适宜的水温。如粉丝，在冬季可用水温为80℃的热水泡发，夏季则用温度为50℃的水泡发。泡发石耳的水温比雪耳的略高。

枧水发：即将干货原料先用清水浸泡，然后放进枧水溶液里浸泡一定时间，使其涨发回软，再用清水浸、漂，以清除其碱质和腥臊气味的加工方法。这种方法，仅适用于一些坚韧的原料，如墨鱼等。枧水发在操作过程中必须注意：①先用冷水浸，后用枧水发，最后必须用清水浸、漂去碱味；②必须注意用碱量的多少，即根据原料的质地、性能来掌握枧水溶液的浓度；③正确掌握涨发时间，达到软化程度即可。

任务 1　木耳涨发

1. 原料简介

木耳，别名黑木耳、光木耳。色泽黑褐，质地柔软，味道鲜美，营养丰富，可素可荤，不但能为菜肴大添风采，而且能养血驻颜，令人肌肤红润，容光焕

发，并具有防治缺铁性贫血等药用功效。木耳主要分布于黑龙江、吉林、福建、台湾、湖北、广东、广西、四川、贵州、云南等地。生长于栎、杨、榕、槐等120多种阔叶树的腐木上，单生或群生。目前人工培植以椴木和袋料为主。

2. 品质特点

木耳子实体胶质，呈圆盘形、耳形等不规则形状，直径 3~12 厘米。新鲜时软，干后成角质。口感细嫩，风味特独，是一种营养丰富的食用菌。木耳蛋白质含量极少，100 克木耳含蛋白质 1~5 克。木耳具有益气、充饥、轻身强智、止血止痛、补血活血等功效，而且还具有一定的抗癌和治疗心血管疾病的功能。

3. 初加工方法

用冷水浸 2 小时，把尾端木屑和泥土剪洗干净，再用清水浸漂一次即可。

4. 烹调应用

木耳在烹调中应用广泛，但刀工成形较少。作主料时，可拌、炒，如凉拌木耳；作配料时，因其天然呈黑色，是某些菜肴中装饰点缀的好材料。

任务 2　香菇涨发

1. 原料简介

香菇，又称香蕈、冬菇，是一种生长在木材上的真菌。香菇的主要产地在广东、江西、福建、安徽等省份的山林地带，以福建产的花菇为佳，香气最为浓郁。花菇形如金钱，状如小伞，伞面花纹明显，菇边往里卷，盖面呈黑褐色，底部呈霜白色或茶色。香菇因产地、质量的不同，可分花菇、北菇、西菇、香信、日本滨菇等品种（见表1）。

表 1　香菇品种一览表

产品	产地	外观	特点
花菇	以福建为主，广东、江西各地均有	盖面有玲珑浮凸裂纹，底呈浅黄白	身厚结实，菇边浑圆，香味浓郁
北菇	广州以北，南雄、英德等地为主，江西龙南、兴国次之	盖面乌润，圆口卷边，蒂细而短	身厚、味香、肉爽
西菇	广西桂林、柳州，贵州等地	身粗糙，盖面略有白霜，菇蒂粗长	肉虽厚，但味不及北菇清香
香信	各地均有	肉薄、蒂长、色泽金黄	肉质不够爽滑，香味不浓，由香菇生长期过长之后采摘干制而成
日本滨菇	日本横滨	伞形	身厚而爽，香味不浓

2. 品质特点

香菇中蛋白质含量丰富，而且含有多种维生素和无机盐，经常食用对人体非常有益。多以干品出现，是一种大众化的菌类原料，在烹调中应用非常广泛，适用于焖、炒、煎、炖、滚、烩、煲、拌等。

3. 初加工方法

用冷水浸 2 小时以上直至完全吸水为止，剪茎后洗净即可。

4. 注意事项

（1）涨发时，尽量不要用热水，以免热水带走香菇的香味。

（2）浸香菇的水不要倒掉，可以在煨菇时使用。

任务 3　竹笙涨发

1. 原料简介

竹笙是竹荪菌的干制品。每临夏季，竹荪菌便天然生于砍伐过的竹林之中，它的子实体非常美丽，头部是浓绿色的帽状菌盖，中部是雪白的柱状菌柄，基部是粉红色的蛋形菌托。竹笙主要产于我国西南山区。四川出产的竹笙身长肉厚，花短洁白；云南产的竹笙身短花大，肉薄而带赤色。现已能人工栽培。竹笙是世界著名的食用菌菇之一，富含蛋白质、脂肪、糖类等营养成分，味清爽，是名贵的烹饪原料之一。

2. 初加工方法

用冷水浸 2 小时后洗净，用清水漂洗 6 ~ 7 次，用沸水滚约 2 分钟，取出后用冷水漂凉，放入清水浸着候用。

任务 4　雪耳涨发

1. 原料简介

雪耳，又称银耳，是生长在枯死或半枯的栓皮栎等树上的一种真菌。主要产于云南、四川、贵州、福建等省份。现有人工培植，产量甚高。雪耳形如疏松的雪花，色微黄，以白色半透明的为好。雪耳是一种非常名贵的滋补品和药用菌，

含有丰富的胶质、多种维生素和17种氨基酸及肝糖，爽滑可口，是斋菜及甜菜的重要原料之一，并可用于其他菜式。雪耳属于俗称的"六耳"之一。

2. 初加工方法

先用冷水浸4小时，洗剪干净，去清木屑，放入盆内加沸水焗半小时便可。如色泽带黄，可加入少许白醋（500克雪耳加1～5克白醋）稍浸，漂清水便可变白。

任务5　葛仙米涨发

1. 原料简介

葛仙米，又称仙翁米。湖北省恩施州鹤峰县走马镇是世界上最大的葛仙米产区。属蓝藻纲，念珠藻科。藻体呈胶质状，球状或其他不规则球状，蓝绿色或黄褐色，附生于水中的沙石间或阴湿的泥土上。

相传东晋时期，道教理论家葛洪入朝以此献给皇上，体弱多病的太子食后，

病除体壮，皇上感恩，遂赐名"葛仙米"，沿称至今。

葛仙米具有清神解热、益气明目的功效。行业中多用来制作甜菜、扒菜及炖汤用。

2. 初加工方法

先用清水浸后洗净，用铜煲煮20分钟，搅动，使污物沉底后，捞起，盛在瓦盅内，每5克干米用水150克、糖50克，蒸30分钟便可。

想一想

1. 香菇分为哪几种？怎样鉴别香菇的品质？
2. 木耳、香菇涨发后的质感是怎样的？

练一练

根据工作任务，练习对木耳、香菇进行涨发加工。

项目 14
动物类干货原料加工

学习目标

1. 了解动物类干货原料的概念、品质要求及常用动物类干货原料（鱿鱼、鲍鱼、海参、鱼肚、瑶柱、雪蛤膏、蹄筋）的知识。
2. 掌握多种不同动物类干货原料的涨发方法。
3. 掌握干货原料多种涨发方法的综合运用。

前置作业

1. 请了解鱿鱼、鲍鱼、海参、鱼肚、瑶柱的种类。
2. 请搜集以鱿鱼、鲍鱼、海参、鱼肚、瑶柱为原料制作的菜肴图片。

任务 1   鱿鱼涨发

1. 原料简介

鱿鱼，又称柔鱼，学名枪乌贼，体内含有赤、黄、橙等色素。腹部为筒形，头部生有八只软足和两只特别长的触手，通体除了口器外，背脊上有一条形如胶质的软骨。我国沿海各地都出产鱿鱼，出产于北海沿海的种类，个头一般很小，大部分用于鲜食，很少加工干制。把鲜鱿鱼自腹部至头部剖开，挖去内脏，放入淡盐水中冲洗干净，再以清水冲洗后晒干，即成鱿鱼干。福建、广东、台湾出产的鱿鱼种类很多，有的种类个头很大，加工干制后远销各地。鱿鱼干可分为吊片鱿、临高鱿、竹叶鱿、汕尾鱿、排鱿等不同的品种（见表2），按其产地与品种来分类，习惯上以宝安、九龙所产的吊片鱿和海南的临高鱿为最佳，日本产的排鱿最差。

表2　鱿鱼干品种一览表

产品	产地	外观	特点
吊片鱿	宝安、九龙等地	身细薄，肉嫩，透明且带淡金黄色	使用时不宜久浸
临高鱿	海南岛临高具及北部一带	肉嫩身大，色泽金黄而透明	肉嫩润喉，美味可口，具有很高的营养价值
竹叶鱿	广东阳江、山东东平、广西北海等地	色泽金黄，形如竹叶，身长	含有丰富的钙、磷、铁、蛋白质及人体所需的氨基酸，有滋阴养胃、补虚润肤的功效
汕尾鱿	汕尾	身厚，呈金黄色	肉脆味香，体大色鲜
排鱿	日本	身粗大须短，色泽红中带黑	口感较韧，食味稍差

2. 品质特点

肉味鲜美，甘香爽脆，有特殊的海产风味。富含蛋白质及其他营养物质。鱿鱼干涨发后，一般不易入味，若用炒、爆法烹制，勾芡时则要注意用调味汁包裹住鱿鱼。鱿鱼在烹调中应用非常广泛，适用于焖、炒、煎、炖、滚、烩、煲、拌等。

3. 初加工方法

清水浸：用清水将鱿鱼浸90分钟左右，然后捞起，剥去红衣、眼睛、软骨，洗净即可（由于鱿鱼品种不同，故身体的厚薄度也不一样，身厚的鱿鱼浸泡时间较长，身薄的时间则短些）。

碱水浸：把鱿鱼洗干净后，在2 000克清水中加入100克枧水溶液，放鱿鱼浸发至身软，后用清水漂清碱味，洗净即可使用。

任务 2　鲍鱼涨发

1. 原料简介

鲍鱼是一种非常名贵的海产品。实际上它并不是鱼，而是趴附在浅海低潮线下岩石上的一种单壳类腹足纲软体动物。

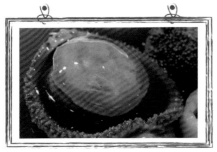

鲍鱼的身上背负着一个较厚的石灰质贝壳，此贝壳呈右旋螺形，似耳状。鲍鱼的足部特别肥厚，分为上下两部分，上足生有许多触角和小丘；下足伸展时呈椭圆形，腹面平，适宜附着爬行。人们吃鲍鱼主要就是吃它的足部肌肉。鲍鱼生长较缓慢，两年大的鲍鱼长度只有4～5厘米。壳长10厘米以上的鲍鱼要长六七年。每年的夏、秋季，天气暖和，海藻繁茂，鲍鱼鲜嫩肥美，是捕抓的黄金季节。粤菜使用的多数是干鲍鱼，但近年来较多使用鲜鲍鱼做菜，因其口感鲜爽，成本较低，深受食客欢迎。鲍鱼分为网鲍、窝麻鲍、吉品鲍、改良鲍、汕尾鲍等品种（见表3）。

表 3 鲍鱼品种一览表

产品	产地	外观	特点
网鲍	日本较多	色泽金黄，体形呈椭圆形，边细、带小珠	质地肥润，是鲍鱼中的顶级绝品
窝麻鲍	日本较多	艇形，烂边，常带有针孔	个头最小，身上左右均有两个孔，是因其生长在岩石缝隙中，渔民用钩子捕捉及用海草穿吊晒干所致
吉品鲍	日本较多	元宝形，枕高身直，性硬，干京柿色	浓香爽口
改良鲍	多产于山东青岛、广西北海、海南岛及广东省汕头、汕尾等地	体形较小，色泽淡白	有腥味，身硬而韧，味差
汕尾鲍	汕尾	体形较小，色泽淡白	身硬而韧，味差

鲍鱼味道鲜美，是世界上公认的名贵海产品。每100克鲍鱼约含蛋白质19%，脂肪3.4%，碳水化合物1.5%，水分74.9%。它之所以名贵，除味美、产量少外，还因其有益精明目、滋阴清热、温肝补肾的食疗价值。鲍鱼可鲜食，可制为罐头，也可制成干鲍鱼，食用上以鲍鱼干为多。鲍鱼外壳是常用的中药材，名为石决明。

2. 营养保健

鲍鱼鲜品每 100 克约含蛋白质 19 克，并含有 20 余种氨基酸，有较高的营养价值。中医认为，鲍鱼性温，有养血柔肝、行痹通络的功效，常用于血枯闭经、乳汁不足及血虚肝硬化等病症。

3. 初加工方法

先将干鲍鱼洗净放砂锅里，再加入开水，盖上盖，焖至发软。随后捞入凉水盆内，除净黑皮，洗去杂质，后捞入加了开水的砂锅里，放少许碱，盖上盖，放在灶台上，继续焖发。至鲍鱼发透、有弹性时，再换热水，漂去碱味即成。

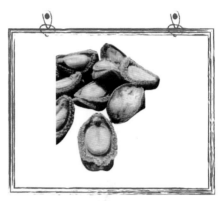

4. 水发干鲍鱼时需要注意的事项

（1）干鲍鱼浸泡和清洗干净后，一定要用砂锅或砂煲进行发制，这样才能保持鲍鱼的鲜美。

（2）砂锅或砂煲底部一定要垫上竹箅子，以防鲍鱼粘锅和烧煳。

（3）煨煲鲍鱼时一定要用小火，以免汤汁溢出和烧干。

（4）干鲍鱼浸泡和煨、煲的时间一定要充足，这样才能使鲍鱼涨透回软。

（5）顶汤的制作是发制干鲍鱼的关键工序之一，顶汤的质量在一定程度上影响干鲍鱼发制的成败。因此制作顶汤时，一是要将原料的血水余净；二是熬制时间要充足；三是要将汤汁过滤干净。

任务 3　海参涨发

1. 原料简介

全球的海洋中均有海参生长，海参在我国渤海、黄海、南海、东海都有出产，以山东沿海出产的海参大且多，南海一带出产的海参种类多，但较小。海参的捕获旺期为每年的 5 月前 9 月后。鲜海参一般不能作为烹饪原料，要将鲜海参加工干制后经重新涨发方能烹调。鲜海参的干制方法与其他海味干货不同，具体方法是把鲜海参在后部开一小口，取出内脏、泥沙后放入淡盐水中煮熟，捞起后用草木灰拌过，再放置日光下晒干制成。涨发海参时，水中之黑灰就是用草木灰拌海参残留下来的。

在我国有 20 余种海参可供食用,其中主要的品种见表 4:

表 4　中国海参品种一览表

产品	产地	外观	特点
刺参	北部沿海较多	体呈圆柱形,长 20~40 厘米,背面有 4~6 行肉刺	可人工繁殖,干品以肉肥厚、味淡、刺多而挺、质地干燥为佳
梅花参	西沙群岛一带	体长可达 1 米左右	背面肉刺很大,每 3~11 个肉刺基部相连,呈花瓣状,故名"梅花参"
方刺参	西沙群岛、海南岛南部及广西北海、涸洲岛等海域产量较多	体呈菱形	个头大,每斤有 30~50 只
白石参(又名白瓜参)	南海中沙群岛一带	长筒形或扁圆形,体表光滑无刺,色泽白中带黄	肉多而软滑
克参(又名乌石参)	南海东沙群岛一带	体呈椭圆形	背面隆起处光滑,有稀疏的管足;腹面平坦,管足排列成 3 纵带,中间一列较稀,排得较宽

2. 品质特点

干海参含蛋白质 61.6%,脂肪 0.9%,碳水化合物 10.7%,矿物质 3.4%,其中钙占 0.118%,磷 0.022%,铁、碘皆含微量。从它所含的成分来看,海参是高蛋白、低脂肪、低胆固醇的物质,因此传统上把海参视为滋补食品,医学上也认为患有高血压、冠心病、肝炎病的人及老年人食用海参较好。

3. 初加工方法

用清水将海参浸 10 个小时,转放在瓦盆内,每 500 克海参石灰 35 克或枧水 15 克,放入沸水焗 3 小时,以除海参本来的灰臭味。取出用冷水漂洗干净,再放回瓦盆内,加入清水,用小火焗 2 小时(以够身为止),取出用剪刀开肚,将肚内砂粒洗净,留肠(牵引肌)在海参肚内,用冷水浸着候用(如不留海参肠,海参则不耐存放,容易泻身溶化),烹制时要去掉参肠。

4．注意事项

（1）泡发海参时，切莫沾染油脂，否则会妨碍海参吸水膨胀，降低出品率，甚至会使海参溶化，腐烂变质。发好的海参不能再冷冻，否则会影响海参的质量，故一次不宜发太多。

（2）海参肉质软，本身味淡，涨发不好会滋生灰味、腥味。

任务 4　鱼肚涨发

1．原料简介

鱼肚，又称鱼鳔、鱼胶、白鳔、花胶，是鱼的沉浮器官，经剖制晒干而成。一般有鲨鱼肚、鲵子鱼肚等，属四大海味之一，近代被列为"海八珍"之一。鱼肚产于我国沿海地区，以广东省所产的鳘鱼肚质量最好，故又称广肚。

鱼肚素有"海洋人参"之誉。它的主要成分为高级胶原蛋白、多种维生素及钙、锌、铁、硒等多种微量元素。其蛋白质含量高达 84.2%，脂肪含量不高于 2%，是理想的高蛋白低脂肪食品。

鱼肚可追溯至汉朝之前。1600 多年前的《齐民要术》中就记载了鱼肚。鱼肚要有厚度，煲时要做到不腥、不潺、不溶化，吃时稔滑又爽口，才算极品。一般品质的多用来熬汤，品质高者亦可用来做菜式。

金钱鳘鱼胶为鱼肚之王，非常罕见，一般都被当作收藏品，500 克的金钱鳘鱼胶价格在几十万元以上。金钱鳘鱼胶的功效非常多，以前曾被当作救命的东西，最主要是因它有止血补血的作用，不过现在其收藏的价值已远远大于食用的价值。

鳘肚用鳘鱼的鳔剖开晒干而成，跟鳘鱼一样，鳘肚也有公母之分。公肚色泽透明带浅黄色，身长有带，有山形纹路，肉厚实耐泡；母肚色泽透明，身圆阔无带，横纹，肉薄不耐泡。公肚在粤菜中被称为"正广肚"，母肚一般叫"鱼肚"或"炸肚"。鱼肚以色泽明亮者为上品，而体小质薄、发潮、赤暗者为下品。

主要的鱼肚品种见表 5：

表 5　鱼肚品种一览表

产品	产地	外观	特点
鳘肚（又称广肚）	广东省沿海地区和马来群岛	公肚色泽透明带浅黄色，身长有带，山形纹，肉厚实；母肚色泽透明，身圆阔无带，横纹，肉薄	软滑中带爽，蛋白质丰富，有海鲜的特殊风味，为上乘的烹饪原料之一
鳝肚	广东省沿海地区	色白透明，呈长圆筒形，两头尖	软滑爽口，营养丰富，多用于制作高档菜肴
花胶	广东省沿海地区居多	黄花胶色泽金黄，身细而薄；白花胶色白，片小，肉薄	软滑，富含蛋白质
鱼白	全国均有，以广东珠三角地区居多	呈不规则圆片形，片小，肉薄	口感软滑，多用于制作汤羹类菜肴

2. 品质特点

鱼肚营养价值很高，含有丰富的蛋白质和脂肪，主要营养成分是黏性胶体高级蛋白和多糖物质。鱼肚越大越厚，则质量越好。涨发后形体大者，价格也高；而一些小鱼的肚薄则价低。鱼肚以形体平坦、完整，边缘齐整的为佳，一些搭片虽形体不小，也很厚，但涨发易夹心、不透，质差。

3. 保存方法

干鱼肚最怕受潮、生虫，可存放于陶瓷、木制容器中。容器底部放吸潮剂或生石灰，将干鱼肚密封放置；同时也可放几瓣蒜头；还可用塑料袋将其密封后放于冷冻室。发好的鱼肚不宜久存。

4 初加工方法

（1）花胶。用清水浸 4 小时后，洗干净，放入盆内加沸水焗 3 小时，如未够身可换水反复再焗，至够身为止。

（2）广肚。用清水浸约 12 小时，洗干净，放入盆内加沸水反复焗 2~3 次，直至够身为止。

判断广肚与花胶是否够身，可从三方面鉴别：①手指甲能掐入；②用刀切时不粘刀，刀口中间不起白心；③其在热水和冷水中软度一样。

5. 涨发方法

鱼肚依据品种不同，涨发方法也各有不同。

（1）鳖肚。盛入较多的油在高身锅中，加热至约50℃，放入鳖肚（大件的鳖肚可斩成小件）浸约5小时，再以慢火缓缓升温浸炸。随着油温的逐渐升高，鱼肚也逐渐膨胀发大并浮在油面上。此时，要用笊篱压着鱼肚，使其不浮于油面而又不要粘在锅底，直至鱼肚浸炸至透身便可捞起。越是厚身的鳖肚，浸炸的时间越长，而在浸炸的过程中，油温不能超过130℃，如油温较高则要停火，或端离火位，或加入冷油降温，否则，鱼肚未涨发透便焦黄。鱼肚浸炸不透容易泻身（即使用时易溶烂）。

鱼肚炸好的标准为：①把鱼肚捞起时，有轻微的油爆声；②鱼肚稍凉后，很松脆，容易折断；③浸发后的鱼肚富有弹性，经滚煨也不容易泻身，吸水性能好，色洁白。

（2）鳝肚。先将鳝肚剪开，剪成10~12厘米的段，用清水浸软后去除内膜、血筋等杂质，平铺在竹笪上晾干。

烧热锅内的油，待油温至90℃时，放入鳝肚，在慢火中浸炸。当鱼肚浮起时要用笊篱压住，使其淹没在油中，并不时翻动，使鱼肚均匀受热，逐渐膨胀至通透松脆。当油温过高，即超过180℃时，要停火或端离火位，或加入冷油降温，直至浸炸至够身。

鉴别是否够身的方法与炸鳖肚相同。

（3）鱼白。鱼白经炸发后，称为花肚。炸鱼白之前，要先将鱼白逐件撕开。烧热锅内的油至约90℃，放入鱼白，用笊篱压住，并不断翻动，使其受热均匀，炸至鱼肚通透。由于鱼白较薄，比较容易涨发，同样要采取端离火位或加入冷油的方法来避免油温过高。鉴别是否够身的方法与炸鳖肚相同。

以上三种鱼肚炸发后，晾凉便可用清水浸发。待其充分吸水回软后，用手轻轻洗掉鱼肚上的油脂。鱼肚色较黄时，可加入白醋轻轻抓透后漂清水，使其增白。

炸发的鱼肚质地爽滑有弹性，色泽洁白，洁净，无油味。

任务5　瑶柱涨发

1. 原料简介

瑶柱，俗称干贝、干瑶柱、江珧柱、马甲柱、玉珧柱、蜜丁、江瑶柱等，实际上是多种贝类闭壳肌干制品的总称。瑶柱在古时是进贡皇室的珍品。因其味道鲜美而被列作"海八珍"之一，素有"海鲜极品"的美誉。而今虽在超市里随处都能买到，但个头大的干贝依然昂贵，尤以粒形，肚胀圆满，色泽浅黄，手感干燥且有香气，口感嫩糯，鲜香回甘的为佳。

瑶柱的加工方法是用刀从扇贝足丝孔伸入两壳之间，紧贴右壳把闭壳从壳上切离，再去掉右壳，剥去外套膜及内脏，用刀将闭壳肌从壳上切下，放在少量淡盐水中清洗干净，然后煮熟，晒干，即成瑶柱。粒大、完整的瑶柱叫"柱甫"；细小、散开的瑶柱叫"碎柱"。好的瑶柱完整、粒大、色泽金黄，表面无盐霜，有特殊的香味（见表6）。

表 6 瑶柱品种一览表

产品	产地	外观	特点
干贝	中国沿海均有产	圆形	为扇贝科贝类闭壳肌的干制品
江珧柱	中国、日本等沿海均有产	圆形	为江珧科贝类闭壳肌的干制品，其柱肌较干贝大，但肌质纤维较粗，鲜味也次于干贝
海蚌筋	南海诸岛	圆形	干品个头虽大，但肌质纤维较粗，同时鲜味也稍次
车螯肉柱	福建、浙江	圆形	为帘蛤科大帘蛤或文蛤闭壳肌的干制品，其鲜味最佳，过去曾作为贡品岁贡朝廷
元贝	日本	圆形	表面呈金黄色，掰开来看，里面呈金黄色或略呈棕色

2. 品质特点

瑶柱富含蛋白质、脂肪，以及碘、铁等矿物质，有调胃和中、滋阴补肾的功效，是高级美味的干制品。

3. 瑶柱鉴别

选购时应注意瑶柱的颜色。表面呈金黄色，掰开后，里面呈金黄或略呈棕色就是新鲜的标志；表面有薄薄一层白粉状的物质则是风干多时的，这样的瑶柱，用来煲汤可以，但若用来做菜，味道则远不如新鲜的。此外，还要观察表面是否完整。

4. 初加工方法

（1）用清水将瑶柱浸泡15分钟左右，使其吸收水分自然回软。

（2）用手轻轻地将瑶柱洗净，同时去除瑶柱边角上的老筋，注意洗净泥沙。

（3）将洗净的瑶柱放入一个大瓷碗中，加入适量的姜片、葱段、料酒以及清水，水量以稍没过瑶柱为宜。

（4）蒸锅加水烧开，然后将碗放入其中，大火蒸30分钟即可。

（5）涨发后的汤汁建议保留，可以做烧菜的汤汁，味道非常鲜美。

任务 6　雪蛤膏涨发

1. 原料简介

蛤士蟆是一种两栖蛙类，它有两个种类，一种学名叫中国林蛙，一种学名叫黑龙江林蛙，两者外形相似。蛤士蟆干是其干制品，在北方使用较多，南方少见。每 100 克蛤士蟆干含蛋白质 43.2 克，脂肪 1.4 克，碳水化合物 36.4 克，无机质 3.8 克。蛤士蟆的肉质细嫩，鲜美清淡，久为烹饪界所推崇。

粤菜中常用的不是蛤士蟆，而是蛤士蟆油，即雪蛤膏。雪蛤膏是由雌性蛤士蟆的输卵管干制而成的。

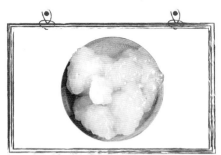

2. 采收与加工方法

捕抓蛤士蟆在每年的 10 月份，选肥大的雌性蛤士蟆，用绳从其口部穿过，每根绳可串 200～300 只，露天挂起以风干，阴天和晚上收回屋内，以免影响质量。干燥后即可剥油。剥油前先把蛤士蟆用热水浸润一下，捞起放入麻袋闷一夜，次日用薄刀剖开腹皮，轻轻将输卵管取出，去尽卵子及其他内脏，按油色品质分类放置，在通风处阴干即可。

雪蛤膏为不规则弯曲、互相重叠的条状，外表呈黄白色的为好，也有呈猪肝色的。综合来看，平摸有滑腻感，味微甘，嚼之黏滑。以粗长、肥厚、黄白色、有光泽、不带皮膜、无血筋、无卵子的为好。

雪蛤膏的主要成分是蛋白质，脂肪仅占 4%，糖为 10%。此外还有硫、磷和维生素等，是高级滋补品，能补虚、强精、退热，用于体虚乏力、神经衰弱、精力不足、肺虚咳嗽、产后无乳及其他消耗性疾病。

3. 初加工方法

用清水浸 4 小时，放入沸水加盖焗 2 小时，再放入锅中煨 5 分钟便可。

任务 7　蹄筋涨发

1. 原料简介

蹄筋通常指的是猪蹄筋、羊蹄筋、牛中蹄筋，其中以猪蹄筋为好。

蹄筋形如晒干的番薯条，色泽白带浅黄。一般后脚抽出的筋质量好，粗而长。

牛蹄筋略粗大，猪蹄筋次之，羊蹄筋则细小并有膻味。蹄筋发起后十分爽滑，胶质很重，富含蛋白质，营养滋补。

2. 初加工方法

猛火烧锅放油，待油烧至五成热，放蹄筋，再以慢火将蹄筋炸浸至金黄色，身起发，捞起；待冷却后，放在冷水中浸 3 小时，将蹄筋的油腻抓净至身爽即可（牛蹄筋不用炸，洗、浸、焗至稔身即可用）。

想一想

1. 请说说鱿鱼干、鲍鱼、海参、鱼肚、瑶柱各有哪些品种，并描述其外形特征。
2. 鲜料制成干货有什么意义？

练一练

根据工作任务，练习对鱿鱼干、鲍鱼、海参、鱼肚、瑶柱的涨发加工方法。

模块六

料头的使用

料头是粤菜中特有的一种菜肴配料。在粤菜中，可切改成特定形状的某些原料（主要是含特殊浓香的原料），根据菜式的分类、原料的性味和配色的需要，形成固定的配用组合，这些用量少、组合固定，用于菜肴起镬增香、消除异味、丰富色彩的组合原料便称为料头。料头对提高菜肴质量、增加菜肴的滋味具有十分重要的意义。在粤菜制作中，对料头的使用有着比较严格的规定，基本上是以菜肴原料的性味和所使用的烹调方法为搭配依据，这些规定有其合理的成分。但是随着烹调方法的不断创新，新菜品的不断开发，原有的料头搭配组合已远远不够，需要我们不断更新对料头作用和含义的认识，不断设计出新料头。

制作何种菜式，应用何种料头，是粤厨非常讲究的问题。合理搭配料头，正确使用料头，往往是衡量厨师烹饪技能高低的标志之一。

一、料头搭配的基本原则

1. 料头要与主料形状相配合

丝配丝、片配片的这种相似搭配的配菜原则同样适用于料头与主料的配合。原料形状比较大的菜式，如原只烹制的三鸟，整条烹制的河鲜、海鲜，斩件较厚、带骨的原料以及需要白焯、滚煨的原料，适合搭配使用大料类料头。而加工成丁、丝、粒、片等原料或另勾芡汁的菜式则往往搭配使用小料类料头。

2. 料头要与烹制火候相配合

烹制不同质地的原料、制作口味各异的菜式，必须掌握不同的火候，而料头的选择也应与火候应用相匹配。有的原料含丰富的结缔组织，肉质老韧；有的原料腥膻异味重，这些原料都应该通过较长时间的加热，使成菜尽善尽美，如煲牛腩、生焖狗肉等，此类菜肴就应使用口味浓郁和块头较大的大料类料头，如蒜子、姜块等。而有的菜肴要求突出主料的原味，表现清爽、嫩滑的口感，则往往采用旺火，短时间加热，使原料迅速成熟，如炒就是较常用的一种烹调方法，这时料头的作用主要是产生镬气，或衬托主料的清香，因而常常使用小料类的料头，即使用粒、米、丝、片、花、蓉等规格的料头。如果使用大料类的料头则会使菜肴在香气和美观上都受到影响，如五彩炒蛇丝一菜，使用的料头是蒜蓉、菇丝、姜丝和葱丝，属于小料类，倘若改为使用大料类的蒜子、菇件、姜片和葱段等，不但因为加热时间短促，料头的芳香气味不能充分溢出，而且还会因为料头形状与主料不协调，而影响了菜肴的美观。

二、料头的习惯用法

粤菜厨师间有一句常用的行内话："打荷睇料头，便知焖、蒸、炒。"意思是说，候镬助理人员只要看到切配人员送来的原料及料头，便可知道该菜的品种及其应用的烹调方法。这句话的另一层意思是说粤菜料头通常有传统的使用规律，哪一类品种，甚至哪一个菜肴该配哪些料头，常常都是规定好了的。因此，为了掌握地道的、传统的粤式菜肴的烹制方法，必须通晓料头的习惯用法。

三、料头的作用

1. 增加菜肴的香气滋味，增加镬气。
2. 消除或掩盖原料的腥膻异味。
3. 便于判别菜肴的烹调方法和味料搭配，提高工作效率。
4. 丰富菜肴色彩，使菜肴更加美观。

项目 15
料头原料及成形

学习目标

1. 了解料头原料及成形。
2. 掌握料头原料成形的加工方法。
3. 了解料头在烹饪中的应用。

前置作业

1. 请了解新鲜香辛类的料头原料。
2. 请搜集料头原料在不同菜肴制作中的使用方法。

知识链接

粤菜料头有植物性原料，如姜、蒜、葱、洋葱、芫荽、辣椒等；加工性原料，如火腿、陈皮等。应用这些原料，可利用其各种特殊的香气、艳丽的色彩，还可以加工成不同的实物形状。料头主要是在香、味、形和色上把主料烘托得更加完美。

料头原料的作用，取决于它们的生物学、化学和物理学的性质，熟悉这些特性，是我们正确使用粤菜料头的第一步。

料头因其作用不同，加工的形状也就有所不同。总的来说可分为两大类：一类的形状比较大，称作大料类料头，通常将其加工为段、件、片、长榄及花（姜花）等形式；另一类的形状比较小，称作小料类料头，通常将其加工为蓉、米、粒、丝、短榄、指甲片及花（葱花）等形式。

任务1 认识料头原料及成形

1. 姜

姜：可加工成姜蓉、姜米、姜花、姜指甲片、姜丝、姜片、姜块等。

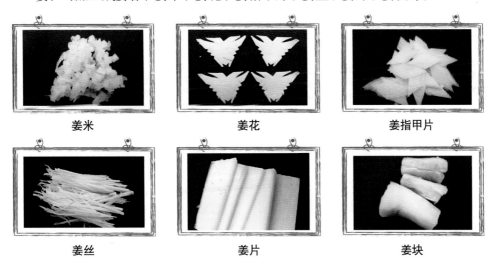

姜米　　　　　　　　　姜花　　　　　　　　　姜指甲片

姜丝　　　　　　　　　姜片　　　　　　　　　姜块

2. 蒜

青蒜：可加工成青蒜段、青蒜米、青蒜榄。

青蒜段　　　　　　　　青蒜米

蒜头：可加工成蒜蓉、蒜子。

蒜蓉　　　　　　　　　蒜子

3. 葱

葱：可加工成葱米、葱花、葱粒、葱丝、葱球、葱榄、长葱段、短葱段、葱条（去根的原条葱）。

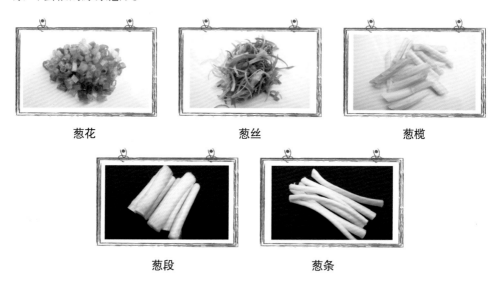

葱花　　　　　　　　　葱丝　　　　　　　　　葱榄

葱段　　　　　　　　　葱条

4. 洋葱

洋葱：可加工成洋葱米、洋葱粒、洋葱丝、洋葱件。

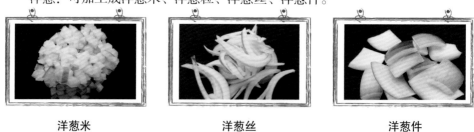

洋葱米　　　　　　　　洋葱丝　　　　　　　　洋葱件

5. 芫荽

芫荽：可加工成芫荽段、芫荽条、芫荽叶。

芫荽段

6. 辣椒

辣椒：可加工成辣椒米、辣椒丝、辣椒粒、辣椒件。

辣椒米

辣椒丝

辣椒件

7. 香菇

香菇：可加工成香菇米、香菇粒、香菇丝（包括中丝和幼丝）、香菇件。

香菇丝

香菇件

8. 火腿

火腿：可加工成火腿蓉、火腿丝、火腿条、火腿片、火腿粒、大方粒火腿。

火腿蓉

火腿丝

火腿粒

大方粒火腿

火腿片

9. 五柳

五柳：可加工成五柳粒、五柳丝。

 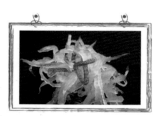

五柳粒　　　　　　　　　　　五柳丝

10. 陈菇

陈菇：可加工成陈菇件。

11. 陈皮

陈皮：可加工成陈皮米、陈皮丝。

任务 2　大料类料头使用

大料主要有蒜蓉、姜片、葱段、料菇片等，一般可组合成：

菜炒料：蒜蓉、姜花或姜片。

蚝油料：姜片、葱段。

茄汁牛料：蒜蓉、洋葱件或葱段。

鱼球料：姜花、葱段。

白灼料：姜片、长葱条（即煨料）。

红烧料：（烧肉）蒜蓉、姜米、陈皮米、菇件（大鳝鱼加蒜子）。

糖醋料：蒜蓉、葱段、辣椒件（八件鸡、马鞍鳝等加日字形笋）。

蒸鸡料：姜花、葱段、陈菇件或菇件。

清蒸鱼料：姜花、菇件、火腿片、葱条。

豉油蒸鱼料：姜片、葱条。

清汤料：菜远、姜片、葱条、瘦火腿片（火腿丝）。

煴料：菇件、葱条、姜片、笋片。

川汤料：菇件、笋花、菜远、火腿片。

任务 3　小料类料头使用

小料主要有蒜蓉、姜米、葱米等，一般可组合成：

虾酱牛料：蒜蓉、姜丝、葱丝。

咖喱牛料：蒜蓉、姜米、洋葱米、辣椒米。

嘅汁牛料：蒜蓉、姜米（以前有用葱丝）。

滑蛋牛料：葱花（过去有用姜米，因为是用包心芡，后下蛋）。

油泡料：姜花、葱榄（过去用蒜蓉、姜米、葱花、茶瓜米）。

油浸料：葱丝。

豉汁料：蒜蓉、姜米、辣椒米、葱段（豉汁）。

炒丁料：蒜蓉、姜米、短葱榄。

炒丝料：蒜蓉、姜丝、葱丝、菇丝。

蒸鱼料：肉丝、葱丝、姜丝、菇丝（生焖鱼料基本相同，多蒜蓉）。

咸芡料：葱花、菇粒。

炸鸡料：蒜蓉、葱米、辣椒米。

汤泡料：葱丝或芫荽。

走油牛蛙料：姜米、蒜蓉、葱段。

煎封料：蒜蓉、姜米、葱花。

红焖鱼料：菇丝、姜丝、葱丝、肥肉丝、蒜蓉或蒜子。

煎芙蓉蛋料：笋丝、葱丝、菇丝。

五柳料：蒜蓉、辣椒丝、瓜英丝、锦菜丝、红姜丝、酸姜丝、荞头丝、葱丝。

任务4 炖料类料头使用

炖料类使用的料头一般为条、件、粒等。

一般炖品料：姜片、大方粒（火腿、瘦肉）。

鸡吞翅（吞燕）料：火腿丝。

想一想

1. 什么叫料头？它有什么作用？

2. 用作料头的主要原料有哪些？可切成哪些形状？

3. 料头分哪几类？各包括哪些内容？

练一练

根据工作任务，学习料头的加工及其在菜肴中的应用。

模块七

半成品配制

在烹饪中，为适应菜式的变化、丰富菜式的花样品种以及便于烹煮，不少菜式都要求把部分原料先制成半成品备用。在半成品的配制中，尤以馅料的制作最为复杂、多变，一般都需要先行预制。而馅料的制作必须注意选用材料，注意掌握刀工及调味、配制分量等环节，这样馅料才能达到爽、滑、软等不同要求。

项目 16
馅料的制作

学习目标

1. 掌握鱼青、虾胶、枚肉馅（肉百花馅）、牛肉滑、鱼腐的加工方法。

2. 了解鱼青、虾胶、枚肉馅（肉百花馅）、牛肉滑、鱼腐在烹饪中的应用。

前置作业

1. 请了解制作鱼青、虾胶、枚肉馅（肉百花馅）、牛肉滑、鱼腐所使用的相关原料。

2. 请搜集鱼青、虾胶、枚肉馅（肉百花馅）、牛肉滑、鱼腐在不同菜肴制作中的使用方法。

任务 1 鱼青的制作

1. 原料简介

有皮鲮鱼肉 1 500 克（刮净、水洗、压干水分得鱼蓉 500 克）、鸡蛋白 100 克、精盐 10 克、味精 5 克、生粉 15 克。

2. 制法

将鱼肉放在砧板上用刀从尾端逆刀轻刮出鱼蓉（刮至鱼肉见红色即止），将鱼蓉用清水洗净，放入布袋内，压干水分，加入精盐、味精拌至起胶，最后加入蛋白、生粉，边拌边打即成（拌、打的手法与制作鱼胶相同）。其缺点为鱼蓉水分少，胶质差，操作麻烦。

3. 新制法

铲皮漂洗（大量），吸水，放搅拌机中搅烂，下味打制。其特点为操作快捷，但肉中还有红肉，肉质不够洁白。

4. 要求

色洁白，爽滑，有韧性。

5. 注意事项

（1）防止砧板有姜、葱等异味渗入。

（2）盐要放足。

（3）鱼青应先放盐和味精，打至起胶后再放蛋白、生粉。

（4）按同一方向擦、打，以打为主，擦为辅。

任务 2　虾胶

1. 原料简介

吸干水分的鲜虾仁 500 克、肥肉 75 克、味精 6 克、盐 5 克。

2. 制法

（1）切肥肉粒放冰箱冻硬。

（2）吸干虾仁的水分。

（3）刮净砧板，放虾仁用刀捺烂（捺两次以上）。

（4）先用刀背剁虾仁，再用刀尖剁。

（5）剁好的虾仁放盆中加盐、味精按一个方向搅拌、擦，打至起螨爪形，加入肥肉粒拌匀，放盒中冷藏 2 小时备用。

3. 虾胶不爽的原因

（1）虾仁质量差。

（2）虾仁没有吸干水分。

（3）虾仁不够幼细。

（4）盐分不足。

（5）砧板剁姜、蒜后没有洗干净。

（6）擦时用力不够或顺逆方向兼施。

（7）肥肉未经冻硬或过早放。

（8）虾胶未经冷藏。

（9）虾胶冷藏后，用时没有翻打。

（10）浸时火候不合适。

如打反，可加入几滴枧水或打前加枧水、生粉。

4. 特点

色泽淡红，有弹性，爽滑不烂。

任务3 枚肉馅（肉百花馅）的制作

1. 原料简介

猪肉（瘦）350克、虾胶150克、湿冬菇粒50克、味精5克、精盐5克、生粉25克。

2. 制法

将猪肉剁成蓉，放在盆内，加入精盐、味精，用擦挞法拌至起胶，加入虾胶、菇粒、生粉拌匀，拌至起胶即成。

任务4 牛肉滑的制作

1. 原料简介

牛肉500克、肥肉幼粒40克、陈皮蓉4克、柠檬丝2克、生油15克、麻油10克。

调料①：碱水3克、盐10克、嫩肉粉5克、水60克。

调料②：味精12克、糖12克、生粉60克、水60克。

2. 制法

将牛肉吸干水分后搅成蓉。放入调料①，腌透后放入冰箱冷藏。冻透身后，加入调料②打至起胶，打制时水要分多次加入，直至完全吸收为止。最后加入肥肉幼粒40克、陈皮蓉4克、柠檬丝2克、生油15克、麻油10克拌匀，冷藏备用。

任务5 鱼腐的制作

鱼腐的制作配方一般有两种，分述如下：

第一种为传统制作方法。

1. 原料简介

压干水分的鱼蓉500克、精盐15克、味精5克、清水250克、干面粉100克、净鸡蛋300克。

2. 制法

将压干水分的鱼蓉放在盆里，加入精盐、味精拌匀，打至起胶，放入鸡蛋搅拌，再加入清水，边加边拌，最后加入干面粉拌匀，挤成小丸子，放入油锅中炸熟至金黄色即成。

第二种为近年来多采用的新方法。

1. 原料简介

压干水分的鱼蓉500克、精盐15克、味精5克、净鸡蛋500克、清水500克、生粉150克。

2. 制法

将清水和生粉开成粉浆备用。把鱼蓉放在盆里，加入精盐、味精拌擦均匀，打至起胶后，将鸡蛋分三次倒入鱼蓉里拌匀（每倒入一次鸡蛋都需与鱼蓉充分和匀），再将粉浆分三次倒入鱼蓉里拌匀（要求与加蛋一样），最后挤成小丸子，放入油锅中炸熟至金黄色即成。

想一想

1. 在制作鱼青的过程中应注意哪些问题？
2. 虾胶不爽的原因是什么？

练一练

请熟记鱼青、虾胶、枚肉馅（肉百花馅）、牛肉滑、鱼腐的馅料配方和加工方法。

项目 17
肉料的腌制

学习目标

1. 了解肉料腌制的原理和作用。
2. 掌握腌虾仁、腌猪扒、腌牛肉、腌爽肚、腌姜芽的原理及加工方法。

前置作业

请了解不同的肉料在腌制后可用于哪些菜式。

肉料腌制的原理和作用

利用物理或化学的原理，使食品原料烹煮为成品时，达到入味、除韧、去腻、增强爽脆和软滑感等不同目的。

1. 使食品入味和增加香气。
2. 去除某些食品的肥腻感。
3. 使食品除韧。
4. 增加某些特殊食品的爽脆感。

任务 1 腌虾仁

1. 原料简介

吸干水分的鲜虾仁 500 克、味粉 6 克、精盐 5 克、生粉 6 克、鸡蛋清 20 克、嫩肉粉 1.5 克。

2. 制法

先将虾仁洗净，用干净的白布吸干水分，然后将鸡蛋清和味粉、精盐、生粉、嫩肉粉调成糊状，与虾仁拌匀放入冰箱冷藏 2 小时后才能使用。

任务 2　腌猪扒

1. 原料简介

枚肉（已改切成猪扒）500 克，精盐 2.5 克，姜、葱各 10 克，露酒 25 克，嫩肉粉 30 克。

2. 制法

将猪扒与上述其他原料拌匀，放入冰箱冷藏 1 小时后即可使用。鹅、鸭脯的制法与此法相同；腌鸡脯和焗用的排骨，则不用嫩肉粉。

任务 3　腌牛肉

1. 原料简介

切好的牛肉 500 克、食粉 6 克、生抽 10 克、清水约 75 克（视牛肉的老嫩而定，老牛放水稍多些）、生油 25 克。

2. 制法

将牛肉放到盆里，然后将生抽、食粉、清水调成糊状，与牛肉和匀，最后加入生油封面。腌羊肉片的方法与此相同，但不用生抽。

任务 4　腌爽肚

制法： 将猪肚蒂洗净（洗时宜用冷水，忌用热水），用刀铲去肚衣、肚膜、肥油，切成梳子形，每 500 克猪肚用嫩肉粉 3 克腌 30 分钟（肚蒂呈紫红色时便为已腌够时间），后用清水漂洗 1 小时即可使用。

任务 5　腌姜芽

1. 原料简介

嫩姜 500 克、精盐 12.5 克、白醋 200 克、白糖 100 克、糖精 0.15 克、红辣椒 25 克、酸梅 2 个。

2. 制法

用竹片刮去姜衣（如用铁器刮则姜的色泽差），切成薄片，加入精盐 10 克腌 30 分钟，用清水洗净，吸干水分，然后将白醋、白糖、糖精、盐 2.5 克和匀，煮开冷却后将姜和辣椒、酸梅加入，腌 2 小时即可使用。

想一想

1. 腌制虾仁、猪扒、牛肉、爽肚、姜芽的方法分别是怎样的？

2. 除以上原料外，还有哪些肉料要进行腌制？

MPR 出版物链码使用说明

本书中凡文字下方带有链码图标"⚏⚏⚏"的地方，均可通过"泛媒关联"App 的扫码功能或"泛媒阅读"App 的"扫一扫"功能，获得对应的多媒体内容。

您可以通过扫描下方的二维码下载"泛媒关联"App、"泛媒阅读"App。

"泛媒关联"App 链码扫描操作步骤：

1. 打开"泛媒关联"App；

2. 将扫码框对准书中的链码扫描，即可播放多媒体内容。

"泛媒阅读"App 链码扫描操作步骤：

1. 打开"泛媒阅读"App；

2. 打开"扫一扫"功能；

3. 扫描书中的链码，即可播放多媒体内容。

扫码体验：

龙虾加工